2020年度国家社会科学基金艺术学重大项目"一带一路"背景下的国家设计政策研究（20ZD10）阶段性成果

北京市设计产业时空发展综合研究

Comprehensive Research on Spatio-temporal Development of Beijing Design Industry

高家骥　著

中国纺织出版社有限公司

内 容 提 要

本书是2020年度国家社会科学基金艺术学重大项目"一带一路"背景下的国家设计政策研究阶段性成果。全书以论文格式架构篇章，内容主要包括研究背景和意义、国内外研究综述、研究思路与框架、研究特色与创新之处，相关理论，数据来源与研究方法，北京市设计产业现状及发展趋势分析、空间格局及其演变特征分析、驱动因素分析，北京城市化与设计产业系统耦合，北京设计产业发展空间趋势预判、发展对策建议，结论与讨论等。

本书图文并茂，以一手资料、翔实数据和深入分析，为相关业界人士提供可资参考的资料和借鉴。

图书在版编目（CIP）数据

北京市设计产业时空发展综合研究 / 高家骥著 . --
北京：中国纺织出版社有限公司，2023.9
　　ISBN 978-7-5229-0147-3

　　Ⅰ . ①北…　Ⅱ . ①高…　Ⅲ . ①产品设计-产业发展-
研究-中国　Ⅳ . ① TB472

中国版本图书馆 CIP 数据核字（2022）第 235364 号

本书中涉及地图审图号：京 S（2023）001 号

责任编辑：张晓芳　金　昊　　特约编辑：王会威
责任校对：高　涵　　　　　　责任印制：王艳丽

中国纺织出版社有限公司出版发行
地址：北京市朝阳区百子湾东里A407号楼　邮政编码：100124
销售电话：010—67004422　传真：010—87155801
http://www.c-textilep.com
中国纺织出版社天猫旗舰店
官方微博 http://weibo.com/2119887771
天津千鹤文化传播有限公司印刷　各地新华书店经销
2023年9月第1版第1次印刷
开本：710×1000　1/16　印张：12.25
字数：212千字　定价：89.00元

凡购本书，如有缺页、倒页、脱页，由本社图书营销中心调换

目　录

1 绪论

1.1 研究背景和意义

1.1.1 设计产业发展历程

设计因为人类的出现而产生[1]，从农耕时代到工业时代，再到现如今的信息时代，设计在不同的社会阶段呈现出不同的表现形式。西方社会较早地进入了工业时代，设计思想萌芽产生的时间也相对较早。关于设计产业的萌芽思想方面，理查德·佛罗里达基于推动国家社会经济发展的角度提出了"创意经济"，他认为未来推动经济增长的主要因素为创意[2]，并于2002年在创意经济的基础上提出了"3T理论"，即技术、人才和宽容[3]。查尔斯·兰德利认为，创意城市将成为城市发展的新范式，城市建设的重点将从只考虑物质设施转移到人的机能和人的潜力的发挥上[4]。格罗皮乌斯建立的"公立包豪斯学校"则被认为是现代设计诞生的标志，其倡导的"艺术与技术的新统一"的思想也成为现代设计的思想基础。

得益于工业革命的产生与发展，国外设计产业的发展体系也更为完善。

德国虽然不是工业革命的起源地，但其设计产业的发展得益于德国本身具有较为雄厚的工业基础，工业设计产业一直引领着世界设计产业的发展方向[5]。德国设计产业的发展历程可以分为三个具体阶段，分别是启蒙与发展阶段、信息时代发展阶段及当代发展阶段。在启蒙与发展阶段，德国设计产业经历了以德国建筑家佛雷特·谢姆别尔出版的画集及举办的工业展览为代表的启蒙时期，以四轮汽车的发明及奔驰公司的成立为代表的快速发展时期，以包豪斯设计学院的成立为代表的发展优质时期，以及受到第二次世界大战影响的衰退时期，直至德国设计协会成立及全民设计教育运动的开展，德国设计产业开始逐渐复苏；在信息时代发展阶段中，德国设计产业迎合全球多元化的发展趋势，主流设计与非主流设计共同发展，信息技术的兴起将样式主义理念引入设计产业，绿色设计理念成为德国设计产业发展的必然趋势；在当代发展阶段中，德国设计产业将注意力聚焦于社会责任感，并以设计创新为驱动力，发展跨国设计企业，设计市场由国内扩展到全球。

　　英国作为世界工业设计的发祥地，也是创意产业概念的最先提出者，设计产业在解决当地就业问题、促进国民经济发展方面作用显著[6]。在英国设计产业的发展历程中，政府扮演着十分重要的角色。1982年后的5年中，政府对设计产业的投资达到了2250万英镑；1997年的产业结构调整中，在政府的引导下成立了创意产业特别工作小组，将设计产业纳入国家发展计划中；在国家政策的导向下，伦敦作为英国的首都，将"设计创意"作为城市的核心产业，并在相关部门的配合下，推动设计产业高速发展。

　　"二战"结束后，日本设计产业开始逐渐发展。政府将设计振兴国家经济作为战略方针，并通过政府、大企业的联合推动，实现了设计产业由模仿到创新的跨越[7]。目前，日本主要的设计机构包括日本振兴会（JIDPO）和日本国际交流协会（JDF），强调提高技术研发能力，构建优良设计环境、推广无障碍设计，利用设计推动地方产业复兴，加强国际交流等。

　　韩国设计产业发展模式是典型的政府主导模式。1997年金融危机后，政府提出了"设计韩国战略"。经过不断发展，韩国的设计产业已基本实现跨越式发展，拥有三星等多个全球著名品牌，实现了由制造国家到设计创新国家的转型。其中促进韩国设计产业发展最为关键的机构是韩国设计振兴院[7]。

　　美国设计具有较强的商业性特征，以大众流行为主导，追求舒适性和娱乐性。在其发展过程中，逐渐形成了强商业性和强包容性等特点。美国作为世界上经济最发达的国家，对市场的改变具有敏锐的洞察力和快速反应能力。20世纪80年代，制造业发展进入衰退期，服务业的崛起大力推动了设计产业的发展，逐渐使工业设计发展为综合性设计产业。20世纪初，欧洲现代设计主义快速发展的同时，美国以市场为设计目标，以服务企业为导向，进一步推动了设计产业的发展。第一次世界大战以后，美国经济迅猛增长，设计与商业成功结合，并成为美国设计产业发展的关键力量，其设计产业的发展主要推动力为社会组织，最为著名的是美国工业设计师协会（IDSA）。

　　芬兰设计产业的蓬勃发展主要得益于在国家创新体系影响下的设计政策，主要是由于设计产业的发展在很大程度上依赖于国家的支持，从20世纪60年代末到90年代末，芬兰对设计产业政策足足探索了30年。芬兰较早将从政府层面推动设计产业发展作为政策纲要，旨在通过对设计的有效利用来提升芬兰的竞争力。近年来，受到金融危机及欧盟经济发展不景气的影响，芬兰整体经济表现欠佳，但不断更新和完善的国家设计政策的支持使得其设计产业依旧保持较强的活力与竞争力。具体表现为：截至2012年，芬兰共拥有7060家设计机构，其设计产业产值达到33.7亿欧元。《全球竞争力报告（2012—2015）》中指出，芬兰在欧洲国家研发强度和竞争力排名中位列第二，全球创新能力位列第一。此外，芬兰的设计教育与设计研究的国际影响力在持续增强。

意大利的设计是一种一致性的设计文化，对该国的产品、服装、汽车、办公用品及家具等均产生了一定的影响。第二次世界大战前，意大利就已经产生了一些优秀的现代设计。"二战"之后，意大利设计师借鉴别国的设计经验并与该国传统相结合，创造出了极具特色的本土设计。意大利工业设计协会于1956年成立，迄今已有六十多年的历史，在国际上享有盛誉，对推动工业设计水平的提高作出了重大贡献。《多莫斯》（domus）杂志、米兰设计周以及设计教育系统充分表现出意大利设计产业发展的蓬勃生机与活力。近年来，受经济危机对欧洲的影响，意大利的创新表现能力处于温和创新者的位置，其发展水平低于欧洲平均水平，面临着一定的下滑趋势。

对以上几个国家设计产业的发展历程进行梳理之后，可以发现丰富的人力资源与教育资源、高强度的研发投入、完善的设计政策及创新资本体系、对创新商业价值的重视及激励措施、跨界设计、可持续设计等因素是设计产业蓬勃发展不可或缺的因素。简言之，安定的社会环境是设计产业发展的前提条件，政府的引导、政策的制定及社会氛围的培养是设计产业发展的充分条件，社会责任感及绿色理念是设计产业长足发展的必要条件，积极参与全球化是设计产业发展的重要机遇条件。

我国设计产业起步晚于国外，随着改革开放政策的实施而逐渐发展壮大。20世纪70年代末至80年代初为我国设计产业的萌芽期，早期的设计产业概念模糊，处于萌芽阶段时期的设计仅仅是单纯的模仿；20世纪80年代作为设计产业的探索期，在此阶段的设计主要以简单的美工装饰为主；20世纪90年代，随着我国经济的发展，设计产业逐渐成形，在全球产业结构调整过程中，长三角和珠三角形成了以OEM（贴牌生产）为主的产业集群，此时的设计产业以仿制为主；21世纪后，受全球化的推动，我国在全球产业链中扮演的角色越发重要，不仅承接制造业的转移，更承接着设计中心的转移，与此同时，国内对发展设计产业的关注度日益提高，出台相关政策法规来促进设计产业的发展。纵观我国设计产业的发展历程，不难发现，经历了初期的复制模仿阶段，到中期的承接全球设计制造及设计中心转移的阶段，再到目前的国家引导发展阶段，设计产业的发展越发成熟，并逐渐成为产业结构升级的重要方向以及经济发展的重要增长极。

全球经济一体化进程中，我国一直扮演着世界"制造工厂"的角色，但随着制造成本的不断增加，产业发展重点面临着转型。与此同时，"十二五"发展战略指出要调整产业结构，促进企业发展模式升级，从"制造工厂"转化为"创新大国"已成为我国发展的指导方针。向知识密集型、高精尖产业发展已成为产业发展方向。与此同时，我国设计产业逐渐发展，设计已经成为提升产品价值、提高企业竞争力的关键环节，因此本文选择分析设计产业的时空演变格局，以期为国家转型发展提供一定参考。北京市作为国内设计创新示范城市，设计产业发展状况较好，无论是在设计业务收入、设计服务机构、从业人员、设计人才的培养等均高于其他城市设计产业发展水平，因此，探究北京市设计产业的发展演变具有一定的典型性。本研究通过对北京市设计产业发展演变格局的研究，总结出设计产业的发展规律，并提出相应政策，为其他城市设计产业的发展提供一定的借鉴。

1.1.2　我国设计产业发展的背景

（1）政策背景

①国家层面。2018年两会政府工作报告提出要改善水、电供应等基础设施，并提出加强排涝管网等建设，这意味着未来设计院将面临更多挑战。传统建筑与设计需求增长的减缓，要求设计行业进行多领域发展，从而应对海绵城市等复杂综合工程的建设。除此之外，两会提出了环保和智能两大理念，提出要树立绿水青山就是金山银山的理念，加强生态环境保护的同时要发展智能产业，运用新技术、新模式改造传统产业。将环保和智能理念引入设计产业领域是未来趋势。党的十九大报告指出，我国要加快建设创新型国家，加强国家创新体系建设，而设计产业是创新发展的驱动力。设计产业所要解决的问题，是国家经济的创新本质与创造力基础的问题。《国务院关于推进文化创意和设计服务与相关产业融合发展的若干意见》指出，随着我国新型工业化、信息化、城镇化与农业现代化进程的加快，文化创意和设计服务已贯穿在经济社会发展各领域及各行业。文化创意和设计服务具有高知识性、高增值性和低能耗、低污染等特征。推进文化创意和设计服务等新型高端服务业发展、促进与实体经济深度融合，是培育国民经济新的增长点，是提升国家文化软实力和产业竞争力的重大举措。

②省市层面。北京市作为全国设计产业资源最丰富、规模最大、发展最成

熟的城市，目前已经形成了门类齐全的设计行业体系，且于2012年正式申请成为"设计之都"。《北京市"十三五"时期设计产业发展战略研究》指出，在转变经济发展方式、建设创新型城市的攻坚阶段中，设计产业作为"科技、创新"的有效载体，将发挥重要作用。重庆市在2015年发布了《重庆市人民政府关于推进文化创意和设计服务与相关产业融合发展的实施意见》，提出大力推进文化创意和设计服务业与相关产业的融合发展，以更好地为稳增长、转方式、调结构、增效益服务，从而满足人民群众日益增长的物质文化需求。

（2）社会经济实践背景

随着全球经济一体化进程的加速，中国在全球产业链条中扮演的角色越发重要。许多欧美企业开始将设计中心转移至中国，与此同时，2007～2009年的经济危机使得我国更加认识到传统制造业发展存在的不足，我国面临着经济转型和产业结构升级。与传统产业相比，设计产业具有高附加值、低消耗等特点，是传统产业难以相比的。发展设计产业是未来转型发展的必经之路，同时，设计产业的发展有利于培养我国国民的创新素质以及创新意识，促进我国经济文化的可持续发展。

城市的快速发展使得生产生活方式、职业结构、价值观点等产生变革的同时，也导致了生态破坏、交通拥挤、产能落后等一系列问题，借鉴发达国家的发展经验发现，原先以资源换发展的城市发展模式已经不再适应当今社会的发展，发展生态型创新型城市逐渐成为未来城市发展的主流趋势，其中设计产业作为最具发展潜力的产业，必将成为未来城市发展的新的增长点。

1.1.3　我国设计产业发展前景

城镇化水平的进一步提升、中西部城市的发展以及智慧、绿色的城市建设，均进一步扩展了设计产业的发展空间，为设计产业的发展提供了更为广阔的平台。城镇化水平的不断提高表明当前城市建设增量的需求逐渐增大，相应的设计需求潜力较大。此外，旧城更新改造的需求也将进一步带动城市建设存量的增长。由于我国东部沿海地区率先开放发展，导致东部沿海地区作为国民经济发展的重要增长极，而中西部地区发展相对滞后，对中西部地区城镇建设的倾斜，将有利于促进中西部地区的快速城市化，缩小与东部沿海地区之间的发展差距，而在发展过程中，中西部地区发展规划设计将为设计行业提供新的增长空间；智慧城市、绿色城市将为设计行业带来新的增长点，我国推出了100个新型"智慧城市"试点，智慧城市建设带动的规划设计市场空间巨大，将成为设计行业持续发展的重要驱动力。总体而言，未来设计市场空间广阔，设计产业发展潜力巨大。

1.1.4 研究目的及意义

理论意义：设计产业作为一个新兴产业，在我国仍处于发展的初级阶段，相关理论研究也还处于起步阶段，目前尚未形成全面系统的基础理论体系。从设计视角出发，关于设计教育、设计技巧等的研究较多，但将设计产业作为对象进行的研究相对缺乏。北京作为全国政治文化中心，对其他城市的发展起着重要导向作用。此外，北京市作为我国设计之都，掌握人才、资金、政策等多种资源，设计产业的发展具有一定的典型性。因此，将北京市作为研究对象，归纳其设计产业发展格局，总结其发展经验，可在一定程度上丰富设计产业相关理论。

实践意义：城市是人类文明的集中体现，是衡量一个地区经济发展的重要标志。北京市正处于转变经济发展方式、建设创新型城市的阶段，研究设计产业在其中发挥的重要作用，对促进北京市的创新发展、社会经济的可持续健康发展具有重要意义。除此之外，在"十二五"期间，北京市确立了"建设世界城市"的目标，并将"创新驱动发展"和建设"国家创新中心"作为发展导向，设计产业因其是"科技""创新"的有效载体，将在推动北京市经济转型过程中发挥重要作用，为全国设计产业的发展起到表率作用。

1.2 国内外研究综述

目前学术界对于设计产业的定义还不明确，其中，曾辉将设计产业定义为知识密集型产业，由设计政策、设计市场、设计体制、设计研究、设计批评等一系列环节结合而成，设计产业的本质目的是设计价值的认同和提升[8]。屠曙光将设计的产业化视为社会发展的产物，同时也是设计与时俱进的具体表现[9]。从包含产业来看，设计产业有广义和狭义之分，前者渗透于创意产业的各个行业与大部分过程，后者仅包括工业设计、建筑设计、广告设计等具象内容。本研究以后者为对象，从设计活动和产业角度出发，将设计产业定义为：以市场需求为导向，通过科学技术，将抽象文化具象化，将文化艺术与经济全面结合，使设计活动规模化、产业化，引起生产、消费等环节的增值，从而产生一定的经济效益，带动社会经济增长的，有着相对完整分类体系的新兴文化产业。

1.2.1　国外研究现状

（1）设计产业的相关产业研究

设计产业与工业。工业设计的历史可以追溯到英国早期的工业革命[10]，早期的工业设计依托于制造业，随着社会经济的发展，工业设计的内涵有所扩展，不仅仅局限于产品设计。国际工业设计协会（ICSID）将工业设计定义为：一种创造性的活动，其目的是为物品、过程、服务以及它们在整个生命周期中构成的系统建立起多方面的品质[11]。工业设计将生产过程和服务过程的设计也纳入其内涵之中，这与设计产业的内涵有所交叉，因此，设计产业与工业设计是密不可分的。

设计产业与创意产业。设计产业是创意产业的延伸。国家层面上，创意产业这一概念于1998年在英国的《英国创意产业路径文件》中首次被提出，"所谓创意产业，就是指那些从个人的创造力、技能和天赋中获取动力的企业，以及那些通过知识产权的开发创造潜在财富和就业机会的活动[12]"，并对创意产业进行了分类。其他国家从本国发展角度出发，对创意产业的定义也不尽相同，最为明显的就是着眼点不同。法国认为创意产业的重点在于文化事业，而日本则认为创意产业的重点应为娱乐观光业，加拿大则将创意产业的重点放在了印刷、广告、发行等行业[13]。

（2）多领域设计相关研究

西方国家对设计产业没有统一、明确的划分标准，因此难以从分类角度对设计产业发展现状进行研究。但由于设计产业涉及领域具有广泛性，因此可以从不同领域设计产业的发展进行研究。整体而言，多领域设计可划分为城市领域、行业领域、制度政策领域及其他领域。

城市领域设计多关注于城市设施、景观设计。城市设施方面：Tan Zheng认为高密度城市环境的气象条件研究十分重要，因此需从气候适应性角度出发来进行城市设施规划与设计[14]；Larco Nico认为城市设计需考虑设计要素和主体，使不同方面协同作用，以实现城市可持续设计[15]；Brown Robert D提出城市公园的合理设计可改善气候变化[16]；Sarkar Chinmoy探索了城市绿地、街道设计与步行设计之间的关系，强调合理的街道设计对个体活动行为和健康具有积极影响[17]；Forsyth Ann认为城市步行性是城市设计中不可或缺的一部分；其他城市设施设计包括限制停靠巴士服务[18]、城市交通网络[19]、充电站基础设施[20]。景观设计方面：Kim、Jinki对设计与景观结构之间的关系进行了探究，揭示了景观斑块大小影响到社区生态设计[21]；Zandvoort Mark关注基于路径思考的空间设计与可持续性景观之间的关系，主张将空间设计思想引入景观规划中[22]；Fortuny Jaume认为艺术能通过颜色规划传递到建筑设计空间中，表明设计从美术领域到社会生活中，均有强烈运用[23]；de Abreu-Harbicha Loyde Vieira通过研究不同树种之间的差异，提出了植树设计和树种对热带地区人体热舒适存在一定影响，合理的植树设计是改善室外热舒适条件的途径之一，也是实现城市可持续发展的重要一步[24]。

行业领域设计以服装设计、工业设计、产品设计、城市建筑设计、视觉传达设计等为研究重点。服装设计领域：Hodges Nancy J针对纺织和服装业探讨了创造力、设计和创新之间的联系，认为服装业应通过创意和设计体现其产业价值，并将其设计创意作为行业理念[25]；Bertola Paola提出在时尚产业中，设计驱动文化创新，促使时尚产业成为当代市场中文化多样性和真实性的杰出提供者[26]；Moorhouse Debbie提出，服装产业作为继石油之后对环境破坏的第二大破坏性行业，发展可持续设计及循环经济是未来发展的主要方向[27]；Smith Paul提出，时尚设计也应遵循可持续发展原则[28]。工业设计领域：Altay Can以设计与工艺的关系为研究对象，认为设计与工艺的结合不仅增加了设计领域的工艺潜力，而且促成了二者的共同发展[29]；Hekkert P认为工业设计中产品的新颖性与典型性受人类审美偏好影响，在新颖性不影响典型性的情况下，人们更偏向于新颖的设计[30]；Gemser G提出工业设计影响公司绩效，投资工业设计有利于提高公司业绩，提升公司竞争力[31]；Hertenstein JH认为工业设计的有效性对公司财务业绩具有重要影响[32]。产品设计领域：Veiga Andre认为，选择市场中的产品设计对企业的发展意义重大[33]；Accorsi Riccardo认为，产品生命周期设计对发展循环经济具有指导意义[34]；Akter Sonia提出了产品设计对农民对气象指数作物保险偏好的影响[35]。城市建筑设计领域：Fuentes Farias Francisco Javier梳理了从后现代主义到21世纪的城市建筑设计条件[36]。视觉传达设计领域：视觉传达有助于以超越语言障碍的方式传递信息，视觉传达的可用性正在改变人们的思考方式、思维方式以及沟通方式。Danilova Elena A探讨了工程视觉设计中的基本要素[37]；Wiana W提出了交互式动画设计[38]；Dedeke、Adenekan认为网站设计应综合目标信息、服务质量等因素进行[39]。

制度及政策设计领域。Singh Ghuman Parveer对南亚选拔竞争机构的制度设计进行了讨论，并帮助确定可能的设计优化领域[40]；Ghazinoory Sepehr认为合理的设计政策组合可解决复杂的政策问题，而将数据模型引入政策设计中可有效处理政策设计组合的复杂性[41]；Paul、Anthony探究了建立清洁能源标准过程中，政策设计对排放、供应、价格以及区域的影响[42]。

其他领域。区域经济领域，Reimer Suzanne关注设计地理在区域经济发挥的作用，并以英国伦敦为例，揭示了设计地理对设计活动的影响[43]；Kajanus Miika对商业模式的设计进行了探讨[44]；室内设计领域，Buchanan Richard通过对室内设计顺序矩阵的探索，丰富了室内设计的理论框架[45]；文化景观领域，Okhovat Hanie将建筑设计原理应用于村落的文化景观保护中[46]；资源领域，Girard Corentin针对水资源系统进行了流域设计[47]；农业环境领域，Villanueva A.J.提出，农业环境的设计应与农业环境的主体偏好相结合[48]。

综上所述，国外关于设计产业研究涉及的领域较广，更加关注设计产业的顶层设计，即政策设计方面。从政府角度出发，通过顶层设计引导、规划设计产业的发展，为设计产业的发展提供良好的制度环境。此外，设计产业与社会环境、生态环境、自然环境等的交叉也是国外学者关注的焦点。融入社会生活，推动经济社会的可持续发展，是设计产业发展的最终目标。

（3）设计类园区研究现状

国外关于文化产业园区概念的界定以及设计类园区的研究主要集中在文化产业园区方面。西方国家对文化产业园区概念进行了探讨，德瑞克·韦恩和希拉里·库姆普夫提出了文化区概念。在德瑞克·韦恩看来，文化园区的特色是将一座城市的文化与娱乐设施以最集中的方式聚集在该地理区位内，是文化生产与消费的结合，是多项使用功能（工作、休闲、居住）的结合，而希拉里·库姆普夫认为，文化园区指的是一个在都市中具备完善组织、明确标示、供综合使用的地区，它提供夜间活动且延长地区的使用时间，使得地区更具有吸引力；它提供艺术活动与艺术组织所需的条件，给居民与游客相关的艺术活动；它还为当地艺术家提供了更多就业和居住的机会，让艺术与社区发展更紧密结合。此后，Nolapot Pumhiran和Wansborough&Mageean均将文化产业园区定义为一个具有有限空间和明显地理区域、文化产业和设施高度集中的地方。这些集群由文化企业和一些自己经营或自由创作的创意个体组成，园区中鼓励文化运用和一定程度的生产和消费的集中[49]。

从不同的角度而言，文化产业园区有不同的划分方法。Hans Mommaas在分析荷兰的5个文化产业园区时提出，文化产业园区类型的区分有7个核心尺度可以参考：①园区内活动的横向组合及其协作和一体化水平；②园区内文化功能的垂直组合——设计、生产、交换和消费活动具体的混合；③与此相关的园区内融合水平；④涉及园区内管理的不同参与者的园区组织框架；⑤金融制度和相关公私部门的参与种类；⑥空间和文化节目开放或封闭的程度；⑦园区具体的发展途径；⑧园区的位置。Walter Santagata根据功能将文化产业园区分为四种类型：产业型、机构型、博物馆型、都市型[50]。

英国是最早提出创意产业理念的国家，其文化创意产业园区可以说承袭了数百年的发展历史，主要园区代表有被称为"英国表演艺术产业"代名词的伦敦西区、曼彻斯特北部科学园区、发展娱乐业文化旅游的伍尔弗汉普顿文化园区、集聚音乐产业的谢菲尔德文化产业园区。美国的创意产业园区的发展历程大致经历了4个阶段：20世纪50年代至80年代属于初级阶段，80年代中后期开始从单个园区向系统园区过渡，90年代前期园区的服务对象由内而外扩张，越来越注重创新，90年代后期至今出现了很多创业园区集团[51]。德国和法国的文化产业园区主要集中于影视业、出版业和设计业。日本的文化产业园区形式多样。东京惠比寿花园广场是旧厂房再利用的典型。韩国的文化产业创意园区有鲜明的特点：一是高度重视周围居民的参与，二是用节日和庆典来树立和强化品牌，三是重视生态环境和建筑的艺术性，四是复合式和产销一体化的发展模式。其文化创意产业园区中具有代表性的有坡州出版产业园区、HEYRI艺术村、韩国民俗村和富川影视文化园区等。

（4）相关设计政策研究（表1-1）

表1-1 国外设计政策表

Tab 1-1 Foreign design policy table

序号	政策全称	国家	成文日期	摘要
1	"通过实施设计方法提高机械工程和轻工业领域的商品质量"	苏联	1962年	"二战"后苏联工业设计由此诞生
2	《文化产业振兴基本法》	韩国	1999年	韩国政府对文化产业进行界定，提出了振兴文化产业的基本方针政策。此外正式将漫画列入文化产业的范畴，加强对漫画业的指导协调

序号	政策全称	国家	成文日期	摘要
3	《民主政府设计产业发展战略（Design Industry Development Strategy of the Participatory Government）》	韩国	2004年	设计促进文化创新的发展
4	"设计为人民"政策（Design Caring for Citizens）	韩国	2008年	通过推动设计创意产业集群的发展，以达到重振经济的目标
5	亚洲设计振兴策略	韩国	2013年	强调亚洲联合设计，通过设计创新实现亚洲经济高速增长
6	成立"优良设计产品择优体系"（G-Mark奖）	日本	1950年	日本政府开始介入设计产业的管理
7	日本产业设计振兴会（JIDPO）成立	日本	1969年	日本产业设计振兴会负责核心的项目和政策的实施，并综合负责设计的推广
8	京都世界工业设计大会	日本	1973年	扩展了设计的商业融合度，增强了地区设计产业推广度
9	《90年代日本设计政策》	日本	1988年	日本的第一份设计政策，该体系成为综合全面覆盖的设计评估和推优体系，覆盖了建筑、环境、传播交互等方面的设计
10	建立"Design Hub"设计中心	日本	2007年	与其他专业协会如平面设计师协会联合成立"Design Hub"设计中心，设计侧重在公共服务领域的应用和实施
11	《兰哈姆法案》	美国	1946年	此法案为产品设计的商业外观提供了主要法律依据
12	《视觉管理系统》	美国	1970年	建筑与环境设计中通过控制规模和作业行为隐藏等手段来降低活动对景观的影响
13	《版权法》	美国	1976年	该法案针对工艺美术设计中的实用艺术品给予版权保护作出了明文规定，实用物品的设计如果具有能从该物品的实用方面分离出来并单独存在的绘画、雕刻、雕塑的特征，则在该范围内该设计应视为绘画雕刻和雕塑作品
14	《大力推进工程教育改革》	美国科学理事会	2007年	提出进行以设计为核心、以学生为本的课程结构及内容改革
15	《以调查和设计为中心的6~12年级科学与工程》	美国国家科学院和工程院和医学院	2018年	提出以科学调查和工程设计作为科学教育的核心实践，代表了美国科学教育实验教学的前沿性研究成果

序号	政策全称	国家	成文日期	摘要
16	《版权、工业设计和专利法》	英国	1988年	为艺术作品提供未注册权利、注册权利与版权保护，将服装在内的服装设计视为外观设计进行保护，对于包括服装设计在内的进行了注册但未进入工业领域的外观设计予以专利法的保护，享有保护期15年
17	《英国创意产业路径文件》	英国"创意产业特别工作组"	1998年	提出"创意产业"的概念，把文化创意产业作为振兴经济的聚焦点，并作为国家重要产业给予重点政策扶持
18	《设计的应用性（The Practical Power of Design）》	英国	2004年	英国首个设计战略，在工商业、教育、公共服务、文化等方面全面推动设计解决方案，取得丰厚的成果，设计成为企业利润来源的重要因素
19	《2008年英国优良设计计划（UK 2008 The Good Design）》	英国	2008年	推进了国家设计政策的调控力度。推动设计高水平的发展，从而打造有竞争力的创意经济和英国设计产业
20	《著作权法》	法国	1992年	明确规定了保护服装和服饰业的创作，对于服装设计的定性，是将其视为实用艺术作品划归到著作权法里保护
21	《共同体外观设计保护条例》	欧盟设计指导委员会	2002年	为时尚设计提供了注册外观设计和非注册外观设计两种途径。依该条例，时尚设计可以受到注册和非注册外观设计的保护。其中，非注册外观设计尤其适合保护时尚设计
22	《共同体商标条例》	欧盟	2009年	在产品设计中第四条规定了产品的形状和包装可以作为商标注册商业外观获得商标保护，其条件是能够区分商品或服务的不同来源识别性

苏联于1962年颁布了"通过实施设计方法提高机械工程和轻工业领域的商品质量"的法令，战后，苏联工业设计由此诞生。韩国在亚洲新兴国家中算是起步较早、发展较快的提出了设计推广战略的国家。1999年，韩国政府颁布了《文化产业振兴基本法》，对文化产业进行界定，提出了振兴文化产业的基本方针政策，此外正式将漫画列入文化产业的范畴，加强对漫画业的指导协调。

2004年，韩国政府颁布的《民主政府设计产业发展战略（Design Industry Development Strategy of the Participatory Government）》设计产业政策通过设计促进文化创新的发展。2008年，韩国首尔市政府发布了"设计为人民"政策，通过推动设计创意产业集群的发展，以达到重振经济的目标。日本政府介入设计产业的管理早在20世纪50年代就开始了，以"优良设计产品择优体系"（G-Mark奖）的创立为标志[52]。70年代，日本产业设计振兴会（JIDPO）与日本工业设计协会发起了"73设计之年"、京都世界工业设计大会活动，扩展了设计的商业融合度，增强了地区设计产业推广度。到80年代，拓展的范围扩大，相关的设计推广机构和活动也相继成立开展。1988年，日本颁布的《90年代日本设计政策》成为日本的第一份设计政策，政策覆盖了建筑、环境、传播交互等方面的设计。2007年，日本设计振兴会（JDP）与其他专业协会，如平面设计师协会联合成立了"Design Hub"设计中心，侧重研究设计在公共服务领域的应用和实施。美国在1946年颁布了《兰哈姆法案》，此法案为产品设计的商业外观提供了主要法律依据。1970年，美国的《视觉管理系统》政策的出台明确了建筑与环境设计中通过控制规模和作业行为隐藏等手段来降低活动对景观的影响。1976年，美国的《版权法》针对工艺美术设计中的实用艺术品给予版权保护作出了明文规定。2007年，美国科学理事会出台《大力推进工程教育改革》政策，提出进行以设计为核心、以学生为本的课程结构及内容改革。2018年，美国国家科学院和工程院与医学院共同颁布了《以调查和设计为中心的6～12年级科学与工程》政策，提出以科学调查和工程设计作为科学教育的核心实践，此政策代表了美国科学教育实验教学的前沿性研究成果。英国作为老牌的发达国家拥有稳定的政策。英国在1988年颁布《版权、工业设计和专利法》法案，法案将服装在内的服装设计视为外观设计进行保护，对于包括服装设计在内的已经注册但未进入工业领域的外观设计予以专利保护，享有保护期15年。1998年，英国"创意产业特别工作组"出台《英国创意产业路径文件》，其中明确提出了"创意产业"的概念，把文化创意产业作为振兴经济的聚焦点，并作为国家重要产业给予重点政策扶持。英国在2004年颁布了首个设计战略——《设计的应用性（The Practical Power of Design, 2004, Design Council）》，在工商业、教育、公共服务、文化等方面全面推动设计解决方案，且设计成为企业利润来源的重要因素。2008年，英国通过《2008年英国优良设计计划（UK 2008 The Good Design）》政策的颁布继续推进国家设计政策的调控力度。政策的实施推动设计高水平的发展，打造了有竞争力的创意经济和英国设计产业。法国1992年颁布的《著作权法》明确规定了保护服装和服饰业的创作，将服装设计定性为实用艺术作品划归到著作权法里。欧盟设计指导委员会在2002年颁布的《共同体外观设计保护条例》为时尚设计提供了注册外观设计和非注册外观设计两种途径。欧盟于2009年出台了《共同体商标条例》，在产品设计中的第四条规定了产品的形状和包装可以作为商标注册商业外观，并获得商标保护，其条件是能够区分商品或服务的不同来源识别性。

综上所述，国外关于设计类园区研究主要集中在文化产业园区概念的界定和文化产业园区的分类上。同时国外对创意产业园区发展的经历、典型的创意产业园区的案例等也进行了初步研究。对于设计政策，国外研究更为深入，设计政策的数量众多，涵盖工业设计、建筑设计、平面设计等相关设计在内的十几种设计。

1.2.2 国内研究现状

（1）设计产业的相关产业研究

文化创意产业：我国设计产业尚处于起步阶段，对文化及创意产业等相关产业范畴尚无明确界定。宋泓明学者认为，文化创意产业是在广义的文化范畴内，以创作、制造、创新为根本手段，以文化内容、创意成果为核心价值，以知识产权实现或消费为交易特征，为社会创造财富，提供广泛就业的产业[53]。刘友金等学者认为，创意产业主要是以文化为基础，以创新为根本，以人的创造力为核心生产要素，以生产并分配具有社会及文化意义的产品和服务为目标的产业业态[54]。

新兴相关产业：随着社会的不断发展进步，传统的发展理念难以满足人们日益增长的需求，因此，设计又出现了新兴的产业应用。譬如，商业地产设计产业。商业地产设计是以商业实体为对象，对其进行设计以达到商业效益最大化的目的，简言之，合理的设计能为商业地产增值[55]。购物中心作为一种商业业态，要想尽可能多地吸引客源，必须做好相应的商业地产的设计[56]。商业景观的合理设计同样对效益最大化具有重要影响[57]。同时，也应根据地产类型的不同进行区别设计[58]。

通过对与设计产业相关的产业的简单分析，发现设计产业不只是单纯的设计，在实践应用中，与相关产业结合，从而对社会发展产生推动作用才是其最终目的。

（2）基于设计产业分类角度的研究现状

设计产业是一个横跨多个领域，且与工业化、流水线大批量生产、信息化密不可分的产业集群。从设计产业分类来讲，国内将设计产业分为产品设计、建筑与环境设计、视觉传达设计及其他设计。

关于产品设计的研究主要集中于工业设计、集成电路设计、服装设计、时尚设计及工业美术设计。孙明贵等人对产品外观设计进行了梳理，认为产品外观设计主要指形态的功能外观，外观的功能性包括给人们带来的物质和精神功能[59]。陈亚坤认为，产品设计是各种文化的重要载体和凝结物，设计工作不是简单的造物行为，而是对文化的有效传承与延伸。在产品同质化问题不断加剧的今天，产品设计应与民族文化元素相融合，以提高国内产品的设计水平[60]。工业设计是指现代机械化大批量生产的产品经创造性的策划使其具有新的品质[61]，是产品设计的重中之重，也是设计产业的研究热点与重点，通过梳理国外工业设计发展状况，从而得出相关启示，进而分析国内工业设计的发展现状，提出相应对策是工业设计的主要研究内容。郭雯等人在探讨了工业设计与工业服务业内涵与外延的基础上，从工业设计服务业的起源、发展及相关政策三个角度对英国、美国、芬兰、韩国及我国的工业设计服务业进行梳理与述评，并对我国工业设计的发展提出建议[62]。吕月珍对国外工业设计的产业化发展的特色进行了研究，认为意大利的工业设计独具创新特质，英国的工业设计属于扶持发展型，德国则推动了世界工业设计的革命，日本则是以设计立业战略为国策[63]。张毅等人以韩国工业设计为对象，研究了其发展阶段特征，并提出了相关政策启示[64]。国外工业设计发展之路、发展经验值得我们借鉴。除此之外，还需结合本土实际情况发展工业设计。朱焘[65]、王成玥[66]、严敏慧[67]、徐铭键[68]、谷俊涛[69]等人对我国工业设计的发展现状进行了研究，并提出了相应建议及对策。王志华以江苏省为实例，分析了工业设计与制造业的关系[70]，黄翔星剖析了厦门市工业设计现状及未来的发展思路[71]，易露霞[72]、唐啸[73]、沈法等人[74]分别以广东省深圳市、湖南省、浙江省为例，探讨了其工业设计产业发展存在的问题，同时提出了相应对策。国内对于集成电路设计的研究主要集中于集成电路技术发展[75]、集成电路设计方法学[76]、集成电路设计权的保护[77]等方面。服装设计作为产品设计的一部分，指的是设计服装款式，其研究热点主要集中在与人、与环境的交互上。秦寄岗将生态理念引入服装设计，强调绿色环保服装的功能性开发与研制[78]；范聚红倡导将极具民族特色的装饰工艺运用到服装设计中，并以此来丰富服装设计的手法和内容[79]；殷文以解构主义哲学和美学理论为基础，探讨了如何将其应用于服装设计领域，从而进一步扩展设计思路和想象空间，丰富设计的表现形式和文化内涵[80]。时尚设计主要与服装设计相结合，黄腾[81]、李千惠[82]等人将高街时尚元素运用到服装设计中。此外，时尚设计也与陶瓷设计[83]、包装设计[84]、家具设计[85]相结合。工业美术设计是工业设计与工业美术交叉形成的，缘起于欧洲产业革命，经过一百多年的发展逐渐形成[86]，其使命是满足人民对优质美观、舒适方便的劳动用品、生活用品以及文化用品的需要。龚建培认为，随着时代的进步，工业美术设计与现代设计法存在内在联系，因此应将二者相结合[87]。

建筑与环境设计主要分为建筑设计、工程设计和规划设计。建筑设计的研究热点包括建筑设计与建筑结构[88]、建筑设计与抗震结构[89]、建筑设计与建筑模型[90-91]、建筑设计与气候[92]、建筑节能与保温[93]及建筑设计与绿色节能理念[94]。工程设计涉及面广，包括桥梁工程设计[95]、边坡工程设计[96-97]、岩土工程设计[98]、海底隧道工程设计[99]及输电工程设计[100]等。国家及社会的有序发展离不开合理规划，因此规划设计涉及社会发展的方方面面，包括城市规划[101-102]、城市基础设施规划[103-104]、乡村景观规划[105]、农业景观规划[106]、生态规划[107-109]等。

视觉传达设计（企业识别系统、使用者接口设计等）是指以平面为主的造型互动，是人与人之间实现信息传播的信号、符号设计[110]。主要包括平面设计、电脑动漫设计及展示设计。平面设计借助多种方式，利用符号、文字等来传达想法和讯息，其研究主要集中在平面设计与网页设计中的关系[111-112]、文字[113]、符号[114-115]、字体[116]等元素在平面设计中的应用、传统文化与平面设计的结合[117-118]。我国关于电脑动漫设计的研究起步较晚，研究具有局限性，目前的研究内容主要包括动漫设计与传统文化的融合[119-121]、动漫设计人才的培养[122-123]以及动漫产业的发展[124-126]等。展示设计的核心在于展示，旨在解决参观者与展品及展示空间之间的互动关系，以达到在特定空间内通过各种不同形式和语言传达特殊的信号和意义，从而起到扩大影响、标榜理念的作用[127]。根据展示设计的对象的不同，可将其划分为虚拟展示设计和具象展示设计。虚拟展示设计的研究内容包括虚拟技术在展示设计中的应用[128]、虚拟展示设计的交互性[129]、产品虚拟展示的设计艺术研究等；具象展示设计的研究内容包括商业空间的展示设计[130]、会展展示设计[131]、博物馆展示设计[132]、工业展示设计[133]等。

其他设计包括设计文化产业、微建筑设计产业等。随着"十三五"国家战略性新兴产业发展规划的推出，在未来几年中，创新创意、设计服务、（智能）数字化创新、"设计+文化"都将是各城市在进行产业全面升级、促进城市经济发展、传播城市文化形象过程中不可忽视的力量[134]。微建筑设计产业是微文化背景下的设计产业新趋势。微建筑通过技术所构筑的新空间形成了合理的功能，一方面它促进了人与人之间的交流，极大地丰富了其文化内涵；另一方面它甚至可以完美地嫁接于创意设计产业，发挥产业化的规模和整体优势，为产业发展和提供新的动力，进而有效地解决社会的诸多问题[135]。

通过从设计产业分类角度进行的文献梳理，发现我国设计产业具有研究内容广泛、研究角度多样、研究方法丰富三个特点。研究内容涵盖了我国国民经济发展的基本内容，农业、工业、建筑业、服务业等均有涉及，这表明设计产业的发展不是单一依靠理论的，而应该与具体相结合，对经济发展、社会进步等均做出了一定贡献。研究角度中，实践应用和理论研究均有涉及。理论研究主要借鉴国外的相关理论，实践应用主要是依据我国不同城市、不同产业发展的特殊之处，进行具体的案例研究。研究方法可分为文献研究法和产业经济学研究法。文献研究法的好处在于通过搜集大量的文献，研究设计产业概念的产生与发展，比较研究各国设计产业的概念与内涵，为我国设计产业的发展提供理论依据。产业经济学研究法，从产业经济理论出发，研究设计产业发展演化的规律与特征。但是，同时也存在许多不足。例如设计产业发展状况受多种因素的影响，而现有的研究难以涵盖所有因素，只能有重点地研究某类因素；设计产业在借鉴相关理论基础的同时，需要结合本地实际，进行本土化。

（3）基于产业经济学视角的研究现状

通过设计产业的分类可以得知设计产业的基本研究内容，从产业经济学角度出发，可将设计产业划分为设计产业政策、设计产业组织与结构、设计产业集聚与扩散、设计产业空间拓展及设计产业发展影响因素，能够更深层次地剖析设计产业的发展状况。针对不同设计产业研究的侧重点，分别选取代表性设计产业进行产业经济学角度的研究。

①设计产业政策，重点在产业政策。具体而言，发展设计产业需要培育设计产业的新动能，而如何发展、如何培育，便涉及了设计产业政策。陈文晖等人将引导北京设计产业发展的政策划分为规划型政策、专项扶持型政策、协调推进型政策和监督管理型政策，他认为北京市设计产业政策存在类型多样、颁布主体多元化及政策范围结构复杂等特点[136]。李超等人针对北京市高精尖产业设计提出

了要加强组织领导、落实优惠和扶持政策、拓宽融资渠道和优化企业服务能力等政策[137]。黄河等人总结了欧美代表性国家，如英国、美国、德国、意大利、法国等国家的设计产业政策，认为就设计产业政策的制定而言，欧美国家多从战略层面、知识产权保护、人才培养等间接方面提出政策；就设计政策内容而言，很多国家都在企业普及推广、服务企业等方面提出措施。而日本的设计产业多借鉴欧美国家的发展经验，其设计政策分为经营、教育和国际化三方面[138]。华沙认为设计产业的健康发展离不开产业政策的支持和相关法规的保障，设计产业政策的完善程度和执行力将对设计产业的发展产生直接影响，其着重分析了上海设计产业的政策法规，并提出了完善上海设计产业政策法规的建议[139]。秦彪认为上海工业设计产业政策共分为产业扶持政策、经济系统政策、社会环境政策三个阶段[140]。王丹认为设计产业政策可分为设计产业供给政策、需求政策以及环境政策，并建立了评估指标体系，并以上海市为对象进行了实证研究[141]。潘鲁生对中国设计政策进行了研究，他认为2014年的设计发展应提上国家政策议程，从中央到地方，围绕设计服务与相关产业融合发展的一系列政策措施相继制定出台，国家层面战略意义上政策措施的系统制定和颁布实施，具有标志意义，2014年因此被学术界誉为"中国设计元年"[142]。夏连峰认为，我国设计产业政策在制定过程中要加强知识产权的运用和保护、加速淘汰制造业的落后设计、制定产业规范与资质认定等建议[143]。

②设计产业组织与结构。设计产业组织是指设计产业中，企业数量、规模分布及企业间的分工协作关系，是产业的重要特征[144]。从产业组织理论体系的形成与发展的历史轨迹来看，马歇尔、张伯伦和罗宾逊夫人被誉为产业组织理论的开创者[145]。设计产业结构指的是设计产业间的相互联系与联系方式，形成于设计经济的专业化和社会化分工，同时一定意义上决定了设计经济的增长方式[146]，其结构的创新是调整地区产业结构的关键[147]。到目前为止，系统完整的设计产业理论分析框架还未形成，相关研究也较少。国内学者对该领域的研究成果散见于一些期刊和著作中的个别章节中。

③设计产业的集聚与扩散，指的是产业的空间分布动态变化趋向，是由设计产业主导的企业在一定的地域范围内的聚集或扩散，从而形成相对完善的产业链，集聚与扩散状态对区域与城市发展有重大影响。整体来讲，城市舒适性是创意产业集聚动力之一[148]；产业集聚状况对工业园区的顶层设计[149]、城市设计[150]会产生一定影响；借鉴别国经验，制定相应政策是促进服装设计产业集聚

的重要途径[151]；创意设计产业的集聚需要在人才集聚、发展环境、平台建设等方面出台重点保障措施[152]。

文化创意产业集聚的研究主要从三个方面着手集聚因素、集聚模式、集聚环境、动力机制、演化路径、集群特征、价值聚变等，其中集聚因素和集聚模式是研究重点。文化创意产业集聚的影响因素包括技术、人才、社会、文化、宽容、基础设施、政府政策、产业政策等[153-156]。对产业集聚模式的研究主要集中在北京、上海、江苏、浙江等省域范围内。集聚模式可分为混合集聚[157]、不同要素导向型[158]、裂变模式、伴生模式、多轴延展模式[159]等。

根据纺织服装设计产业集聚原因的不同，可将其集聚分成自发性产业型、企业扩张型、外资推动型、市场推动型和科技推动型[160]；其聚集特征包括空间集聚、灵活专业化特征、合作网络特征及地方根植特征；产业集聚的影响因素包括：基础经济、功能服务、发展潜力等。

④设计产业受不同地域、不同时间段的影响而呈现不同的发展方式及空间布局。产品设计行业、建筑与环境设计行业、视觉传达设计行业、其他设计行业等因产业属性的不同，影响因素也存在差别。工业设计行业作为我国最先兴起的设计行业而成为学者的研究热点。制约我国工业设计发展的主要因素包括设计体系建设的滞后、资金不足、人才短缺、知识产权保护意识弱等[161]。此外设计是沟通商品与文化的桥梁[162]，系统设计方法是影响工业设计水平的重要因素[163]。沈法、林鸿、邱蔚琳等人对我国工业设计发展中存在的问题和影响因素开展了研究[164-166]。综上所述，工业设计产业的影响因素主要包括工业设计产业发展情况、第二产业发展情况、外部环境因素等。

设计产业空间拓展的方式和方向影响一个地区或城市生产力布局及经济的均衡发展。其空间布局倾向于生活便利、公共服务设施完善的多样化生活环境。设计产业的空间拓展受文化资源因素、景观因素、技术及智力因素及城市空间现有发展基础的影响；设计产业空间布局具体表现为产业形态的空间布局，包括斑块、基质、廊道及边界四种形态，布局模式包括文化资源集聚模式、景观资源集聚模式、智力资源集聚模式、产业资源集聚模式、政府主导的综合模式[167]。

综上所述，基于产业经济学角度，国内学者更加关注设计产业政策的顶层设计，对设计产业政策相关研究较多；针对设计产业组织与结构的相关研究则较少，目前还以理论研究为主；以设计产业集聚与扩散作为角度进行的研究，多以发展较为成熟的文化创意产业设计等为研究对象；设计产业空间拓展及设计产业发展影响因素研究则多以工业设计为研究对象。

（4）设计类园区研究现状

在我国，关于设计类园区的研究也主要集中在文化产业园区以及与文化产业园区相关的概念，有艺术园区、创意产业园区、文化产业园（区）等。由于我国文化产业园区出现较晚，对文化产业园区的研究也显滞后，至今尚无对文化产业园区概念的统一界定。国家行政学院社会与文化部教授祁述裕认为，文化产业集群是指在地理位置上相对集中，由具有相关性的文化企业、金融机构等组成的群体。欧阳友权认为，文化产业集群是指相互关联的多个文化企业或机构共处一个文化区域，形成产业组合、互补与合作，以产生孵化效应和整体辐射力的文化企业群落。向勇和刘静认为，文化创意产业集群是"在文化创意产业领域中，大量产业联系密切的文化创意产业企业以及相关支撑机构（包括研究机构）在空间上集聚，通过协同作用将文化创意产业的资源有机整合在一起，使文化创意产品的创造、生产、分销和利用得到最优化，从而形成强劲、持续竞争优势的现象"。而文化产业园区，是"以文化创意产业集聚为基础，集产业经济、社会发展与文化认同于一体的一种实践形态"。文化产业园区作为与文化相关联、实现产业规模集聚的特定地理区域，是具有鲜明文化形象并对外界产生一定吸引力的集生产、交易、休闲、居住为一体的多功能产业园区。园区内形成了一个包括"生产—发行—消费"产供销一体的文化产业链，以囊括横纵向文化生产或同质化大批量生产为特点[168]。

依据不同的分类方法，可以把我国的文化产业园区做出多样化的分类。首先，按照国内所涉及行业的类型，可以将我国的文化产业园区分为：综合性园区，当代艺术/设计产业园区，新媒体科技园，动漫、卡通产业园，历史遗产观光类产业园等。其次，按照当下依托的资源基础，可以将我国的文化产业园区分为以下四类：第一类是依托文化资源为开发基础的园区，如旅游景区、历史遗产方面的发掘进行园区开发。第二类是文化产业园区，以北京798艺术区为典型代表，在我国后工业的开发建设过程中，将旧的厂房改成了一个文化园区。第三类是科技园的转化，如许多园区的投资人最初是做IT行业的，后来在发展中逐渐转向了文化产业。第四类是以文化产业为立项要素的新区开发类产业园区。最后，按照其建设路径，可以将我国的文化产业园区分为原生类和规划类两种类型。原生类是指自发形成的园区，规划类是通过前期设计规划及开发而成的园区[168]。

（5）设计相关政策研究（表1–2）

表1–2　国内设计政策表
Tab 1–2　Domestic design policy table

序号	政策名称	发文机构	成文日期	摘要
1	《国家级工业设计中心认定管理办法（试行）》	国务院办公厅	2012年9月10日	加快我国工业设计发展，推动生产性服务业与现代制造业融合，促进工业转型升级，鼓励企业工业设计中心和工业设计企业建设，工业和信息化部决定开展国家级工业设计中心认定工作
2	《国家工业设计研究院创建工作指南》	工业和信息化部	2018年7月5日	我国工业设计快速发展，行业规模逐年扩大，创新能力持续提升，设计成果不断涌现，成为推动经济新旧动能接续转换和制造业转型升级的重要力量。但与推动经济高质量发展、建设现代化经济体系的要求相比，我国工业设计仍然存在基础研究不足、公共服务能力滞后等问题
3	《国务院关于印发鼓励软件产业和集成电路产业发展若干政策的通知》	国务院	2000年6月24日	当前，以信息技术为代表的高新技术突飞猛进，以信息产业发展水平为主要特征的综合国力竞争日趋激烈，信息技术和信息网络的结合与应用，孕育了大量的新兴产业，并为传统产业注入新的活力。软件产业和集成电路产业作为信息产业的核心和国民经济信息化的基础，越来越受到世界各国的高度重视。我国拥有发展软件产业和集成电路产业最重要的人力、智力资源，在面对加入世界贸易组织的形势下，通过制定鼓励政策，加快软件产业和集成电路产业发展，是一项紧迫而长期的任务，意义十分重大
4	《进一步鼓励软件产业和集成电路产业发展若干政策》	国务院	2011年1月28日	为加强对从事集成电路设计企业及产品认定工作的有关机构的管理、规范其执业行为，根据国务院《鼓励软件产业和集成电路产业发展的若干政策》（国发〔2000〕18号）有关规定，特制定《集成电路设计企业及产品认定机构管理办法》

序号	政策名称	发文机构	成文日期	摘要
5	《集成电路设计企业认定管理办法》	工业和信息化部 国家发展和改革委员会 财政部 国家税务总局	2020年1月20日	根据《国务院关于印发鼓励软件产业和集成电路产业发展若干政策的通知》（国发〔2000〕18号）、《国务院关于印发进一步鼓励软件产业和集成电路产业发展若干政策的通知》（国发〔2011〕4号）以及《财政部 国家税务总局关于进一步鼓励软件产业和集成电路产业发展企业所得税政策的通知》（财税〔2012〕27号），为进一步加快我国集成电路设计产业发展，合理确定集成电路设计企业，特制定本办法
6	《纺织工业调整和振兴规划》	国务院办公厅	2009年4月24日	纺织工业是我国国民经济的传统支柱产业和重要的民生产业，也是国际竞争优势明显的产业，在繁荣市场、扩大出口、吸纳就业、增加农民收入、促进城镇化发展等方面发挥着重要作用
7	《关于加快推进服装家纺自主品牌建设的指导意见》	工业和信息化部 国家发展和改革委员会 财政部 商务部 中国人民银行 国家工商行政管理总局 国家质量监督检验检疫总局	2009年9月26日	经过改革开放30年的发展，我国已成为世界上最大的纺织服装生产国、消费国和出口国。目前，我国纺织服装行业在生产加工领域具备一定国际比较优势，但研发、设计和销售等方面与国际先进水平相比存在较大差距；促进纺织服装自主品牌发展的外部环境急需改善；纺织服装行业公共服务体系建设有待加强；纺织服装自主品牌国际化程度较低等，这些都严重制约我国纺织服装自主品牌的成长
8	《工业和信息化部办公厅关于开展2020年纺织服装行业自主品牌建设调查工作的通知》	工业和信息化部	2020年8月17日	为贯彻落实《国务院办公厅关于开展消费品工业"三品"专项行动营造良好市场环境的若干意见》（国办发〔2016〕40号）、《关于加快推进服装家纺自主品牌建设的指导意见》（工信部联消费〔2009〕481号）等工作部署，加快推进纺织服装自主品牌建设，按照每两年对"重点跟踪培育的纺织服装自主品牌企业名

序号	政策名称	发文机构	成文日期	摘要
8	《工业和信息化部办公厅关于开展2020年纺织服装行业自主品牌建设调查工作的通知》	工业和信息化部	2020年8月17日	单"进行一次动态调整的要求，我部会同中国纺织工业联合会继续开展纺织服装自主品牌建设情况调查工作
9	《纺织服装创意设计试点示范园区（平台）管理办法（试行）》	工业和信息化部	2016年12月6日	为贯彻落实《国务院办公厅关于开展消费品工业"三品"专项行动营造良好市场环境的若干意见》（国办发〔2016〕40号），推进纺织行业供给侧结构性改革，加强纺织服装创意设计能力建设和自主品牌建设，我部制定了《纺织服装创意设计试点示范园区（平台）管理办法（试行）》。现印发你们，请结合实际，认真遵照执行
10	《关于发展工艺美术生产问题的报告》	国务院	1973年4月21日	我国工艺美术历史悠久，技艺精湛，有独特民族风格，在国际上享有盛誉。发展工艺美术生产，不仅为丰富国内人民物质文化生活所必需，而且是扩大外贸出口、换取外汇、支援社会主义建设的一个重要方面，必须大力增加生产
11	《传统工艺美术保护条例》	国务院	1997年5月20日	第一条：为了保护传统工艺美术，促进传统工艺美术事业的繁荣与发展，制定本条例 第二条：本条例所称传统工艺美术，是指百年以上，历史悠久，技艺精湛，世代相传，有完整的工艺流程，采用天然原材料制作，具有鲜明的民族风格和地方特色，在国内外享有声誉的手工艺品种和技艺 第三条：国家对传统工艺美术品种和技艺实行保护、发展、提高的方针
12	《国务院办公厅关于转发文化部等部门中国传统工艺振兴计划的通知》	国务院	2017年3月12日	为落实党的十八届五中全会关于"构建中华优秀传统文化传承体系，加强文化遗产保护，振兴传统工艺"和《中华人民共和国国民经济和社会发展第十三个五年规划纲要》关于"制定实施中国传统工艺振兴计划"的要求，促进中国传统工艺的传承与振兴，特制定本计划。本计划所称传统工艺，是指具有历史传承和民族或地域

序号	政策名称	发文机构	成文日期	摘要
12	《国务院办公厅关于转发文化部等部门中国传统工艺振兴计划的通知》	国务院	2017年3月12日	特色、与日常生活联系紧密、主要使用手工劳动的制作工艺及相关产品，是创造性的手工劳动和因材施艺的个性化制作，具有工业化生产不能替代的特性
13	《国务院办公厅关于促进建筑业持续健康发展的意见》	国务院办公厅	2017年2月21日	四、加强工程质量安全管理 （五）严格落实工程质量责任。全面落实各方主体的工程质量责任，特别要强化建设单位的首要责任和勘察、设计、施工单位的主体责任。严格执行工程质量终身责任制，在建筑物明显部位设置永久性标牌，公示质量责任主体和主要责任人
14	《办公建筑设计标准》	住房城乡建设部	2019年11月8日	4 建筑设计 4.1 一般规定 4.1.1 办公建筑应根据使用性质、建设规模与标准的不同，合理配置各类用房。办公建筑由办公用房、公共用房、服务用房和设备用房等组成
15	《深化北京市新一轮服务业扩大开放综合试点建设国家服务业扩大开放综合示范区工作方案》	国务院	2020年8月28日	推进专业服务领域开放改革。探索会计师事务所在自由贸易试验区设立分所试点。探索建立过往资历认可机制，允许具有境外职业资格的金融、建筑设计、规划等领域符合条件的专业人才经备案后，可依规办理工作居留证件，并在北京市行政区域内服务
16	《外商投资建设工程设计企业管理规定实施细则》	建设部商务部	2007年1月5日	外商投资建设工程设计企业管理规定实施细则
17	《国务院关于优化建设工程防雷许可的决定》	国务院	2016年6月24日	二、清理规范防雷单位资质许可 取消气象部门对防雷专业工程设计、施工单位资质许可；新建、改建、扩建建设工程防雷的设计、施工，可由取得相应建设、公路、水路、铁路、民航、水利、电力、核电、通信等专业工程设计、施工资质的单位承担

序号	政策名称	发文机构	成文日期	摘要
18	《公路工程设计信息模型应用标准》	交通运输部	2021年2月26日	总则 1.0.1 为规范信息模型在公路工程设计阶段应用的技术要求，制定本标准 1.0.2 本标准适用于新建和改扩建公路工程设计 1.0.3 公路工程设计宜使用信息模型进行协同设计 1.0.4 信息模型的应用除应符合本标准的规定外，尚应符合国家和行业现行有关标准的规定
19	《关于加强全民健身场地设施建设发展群众体育的意见》	国务院办公厅	2020年9月30日	二、完善顶层设计 （二）制定行动计划。各地区要结合相关规划，于1年内编制健身设施建设补短板五年行动计划，明确各年度目标任务，聚焦群众就近健身需要，优先规划建设贴近社区、方便可达的全民健身中心、多功能运动场、体育公园、健身步道、健身广场、小型足球场等健身设施，并统筹考虑增加应急避难（险）功能设置
20	《关于科学绿化的指导意见》	国务院办公厅	2021年5月18日	二、主要任务 （三）科学编制绿化相关规划。地方人民政府要组织编制绿化相关规划，与国土空间规划相衔接，叠加至同级国土空间规划"一张图"，实现多规合一。落实最严格的耕地保护制度，合理确定规划范围、绿化目标任务；城市绿化规划要满足城市健康、安全、宜居的要求
21	《关于进一步激发文化和旅游消费潜力的意见》	国务院办公厅	2019年8月12日	二、主要任务 （五）着力丰富产品供给。鼓励打造中小型、主题性、特色类的文化旅游演艺产品。促进演艺、娱乐、动漫、创意设计、网络文化、工艺美术等行业创新发展
22	《关于深化北京市新一轮服务业扩大开放综合试点建设国家服务业扩大开放综合示范区工作方案的批复》	国务院	2020年8月28日	以通州文化旅游区等为龙头，打造新型文体旅游融合发展示范区。立足国家对外文化贸易基地（北京），聚焦文化传媒、视听、游戏和动漫版权、创意设计等高端产业发展，开展优化审批流程等方面试点

序号	政策名称	发文机构	成文日期	摘要
23	《中国（北京）自由贸易试验区总体方案》	国务院	2020年8月30日	高质量发展优势产业。满足高品质文化消费需求。打造国际影视动漫版权贸易平台，探索开展文化知识产权保险业务，开展宝玉石交易业务，做强"一带一路"文化展示交易馆
24	《国务院办公厅转发国家计委关于举办各种国际活动所需场馆建设投资问题请示的通知》	国务院办公厅	1993年6月23日	部分地区和部门要求国家安排或补助专项投资，建设国际活动（如国际会议、运动会、博览会等）场馆
25	《国务院关于进一步促进展览业改革发展的若干意见》	国务院	2015年3月29日	全面深化展览业管理体制改革，明确展览业经济、社会、文化、生态功能定位，加快政府职能转变和简政放权，稳步有序放开展览业市场准入，提升行业管理水平，以体制机制创新激发市场主体活力和创造力

总的来说，我国文化产业园区目前呈现出以下三个特征：第一，中国文化创意产业园区的发展目前尚处于起步阶段，宏观管理能力在思维与实践操作层面都还比较单薄，政府对园区的介入程度较大，并且掌握着较多的资源；第二，中国文化创意产业园区是伴随着国家城市化进程而兴起的建设运动，具有广泛的现代社会经济、人居生态环境及人文精神与文化建设的意义；第三，我国对于文化创意产业园区的相关研究还相当匮乏，主要集中在概念和划分方法等方面的研究，这直接影响到实践思维的乏力。文化创意产业园区的理论研究与其实践相当，尚处于探索初期。设计政策的研究总体呈上升趋势，总体数量不断增加。政策涉及范围持续扩大，研究视角逐渐增多，研究内容逐渐深化[169]。

1.2.3 国内外研究述评

通过对国外设计产业研究现状的梳理，从横向设计产业涉及领域和纵向设计产业发展历程两个角度进行评述。

（1）设计产业涉及领域

研究范围广、以社会发展现状为基础、服务于社会发展是国外设计产业发展的三大特征。

①研究范围广。设计作为一种工具被广泛应用于各领域研究中，可以说，社

会的发展进步离不开设计工具的推动，因此，有社会的地方就存在设计的应用。城市作为社会的主要载体，其与设计的联系是最为密切的，并由此衍生出了以城市设计为目的的设计产业。现行的城市规划的实质是城市设计，因此城市设计囊括了设计领域的绝大部分。具体来讲，城市设计关注于城市规划、城市面貌、城镇功能及城市公共空间，从而衍生出了景观设计产业、建筑设计产业、功能设计产业以及空间设计产业。主体需求的异质性产生了产业的分化，由此引发了设计行业的分化。日常生活需要的服装催生了服装设计产业及产品设计产业的诞生、社会发展需要催生了工业设计诞生、居住需求及休闲需求各异催生了建筑设计行业、信息技术的发展及需求的提高催生了视觉传达设计产业的诞生，等等。制度及政策作为社会发展的标杆，设计因素在其中也发挥了十分重要的作用。良好的制度及政策设计会促进社会的发展，反之亦会阻碍社会发展。总之，从主体需求出发，以促进社会发展为最终目的，通过顶层设计为设计产业的发展提供良好的制度环境是国外设计产业涉及领域的重要特征。此外，设计产业与社会环境、生态环境、自然环境等的交叉也是国外学者关注的焦点。

②以社会发展为基础。通过梳理相关文献发现，西方国家对设计产业并没有一个明确的划分，各产业界限并不明确。由于产业间的模糊性，使得按领域划分的方法更具有合理性。设计产业划分的不明确性，有利于消除产业壁垒，促进产业间的融合。

③服务于社会发展。任何活动均是以促进社会发展、人类进步为最终目的的，设计产业的发展亦是如此。从需求角度出发，来发展设计产业，从根本上讲符合人本主义。西方国家较国内更为注重个人发展，因此，其设计产业的发展异质化更为显著，使得设计产业类型更为细化。服务于个人、群体及社会的发展一直是西方设计产业发展的最终目的。

（2）设计产业发展历程

西方国家设计产业发展历程具有起步早、发展快、程度高等特点。首先，西方国家为工业革命起源地，其产业发展起源早于国内。其次，其产业基础较国内更为雄厚，这是其设计产业发展的优势之一。最后，国家重视设计产业，在其发展过程中制定了许多有利于设计产业发展的相关政策，为其发展创建了一个相对宽松的政策环境。国家对设计产业一直以来的重视使得形成了一个有利的产业发展环境，同时社会环境对促进设计产业的发展起到了推动作用。与此同时，西方对设计产业的重视还体现在科技、资金投入上，这些因素使得其设计产业的发展水平一直居于世界前列。

（3）相关设计政策梳理

①设计政策在美国、英国、日本等发达国家兴起并迅速发展。20世纪60～70年代，就已经相继出台与设计产业相关的国家设计政策与法规，制定了设计发展战略计划，并将其纳入国策，作为国民经济综合战略部署的一部分。从政策推动的主体来看，国外设计政策多由设计组织和设计协会提出，设计政策的研究主要依托于官方设计促进组织和高校研究中心。从设计政策的侧重内容来看，日本、美国、欧盟等国家的设计政策侧重于设计推动科技创新的发展，英国、韩国等国家侧重于设计推动文化创意的发展。从设计政策的涵盖范围来看，政策范围涵盖工业设计、建筑设计、平面设计等相关设计在内的十几种设计。

②中国设计政策的研究总体呈上升趋势，总体数量不断增加。政策涉及范围持续扩大，设计政策内容从最开始的产品设计和建筑与环境设计领域逐渐向视觉传达设计相关的平面设计、动漫设计、展示设计等方向扩展。设计政策的侧重由设计驱动科技进步逐渐转向设计驱动文化和科技并举。设计政策研究视角逐渐增多，研究内容逐渐深化，国家和地区设计政策的针对性和影响力有显著提升，国家设计系统的问题逐步清晰。政策设计研究方向主要分为全球化经济与国家设计战略的关系研究、国家设计系统评价体系研究、国际设计政策比较性研究三个方面。中国的设计政策主要以政府为主导，由国务院办公厅、文化和旅游部、工业和信息化部等部门的力量来组成推动设计政策出台。

（4）国内研究评述

①通过从设计产业分类角度及基于产业经济学角度进行的文献梳理，发现我国设计产业研究具有内容广泛、角度多样、方法丰富的三个特点。研究内容涵盖了我国国民经济发展的基本内容，农业、工业与建筑业、服务业等均有涉及，这表明设计产业的发展不是单一依靠理论的，而是与具体应用相结合，对经济发展、社会进步等均做出了一定贡献。研究角度中，实践应用和理论研究均有涉及。理论研究主要借鉴国外的相关理论，实践应用主要是依据我国不同城市、不同产业发展的特殊之处，进行具体的案例研究。研究方法可分为文献研究法和产业经济学研究法。文献研究法的好处在于通过搜集大量的文献，研究设计产业概念的产生与发展，比较研究各国设计产业的概念与内涵，为我国设计产业的发展提供理论依据。产业经济学研究法，从产业经济理论出发，研究设计产业发展演化的规律与特征。但是，同时也存在许多不足。例如设计产业发展状况受多种因

素的影响，而现有的研究难以涵盖所有因素，只能有重点地研究某类因素；设计产业相关理论基础在借鉴的同时，需要结合本地实际，进行本土化。

②我国设计产业发展具有起步较晚、发展程度较低的特点。设计观念在我国传统文化中早已出现，《周礼》《管子》《墨子》经典著作中就已有零星体现，但受近代以来社会环境不稳定的影响，国内方面发展均落后于西方国家，设计产业同样如此。我国将设计理念应用于生产中要晚于西方国家，使设计产业与国外水平进一步拉大。好在改革开放以来，国家及社会开始重视设计对产业及社会发展产生的重要意义，开始从政策方面、投入方面积极引导其发展，创造出一个良好的发展氛围。奋起直追国外发展的同时，摸索适合我国国情的道路也非常重要。到目前为止，我国的设计产业种类繁多，发展已踏上正轨，成为社会经济发展的重要推动力。

③随着改革开放的浪潮，我国产业结构发生巨大变化，国家提高了对设计相关产业的重视。但由于中国设计起步较晚，目前在我国设计产业发展迅速的背景下，我国的设计产业发展仍处在初级阶段，与国民经济发展要求和西方老牌发达国家相比，我国仍有很大差距。目前中国设计政策存在专项政策占比较小、政策条款碎片化、设计政策有效性较低等部分问题。

（5）国内外研究异同点比较

通过梳理国内外研究现状，发现关于设计产业的相关研究，国内与国外存在显著差别。具体可以分为以下几个方面。

①设计产业分类。国外对设计产业没有标准的分类，西方国家多根据本国设计产业发展历史及现状，对各自的设计产业进行划分；国内设计产业分类以北京市设计产业分类为标准，将其划分为产品设计、建筑与环境设计、视觉传达设计及其他设计。

②设计产业研究对象。国外设计产业研究对象较为宽泛，不以某种设计产业为研究对象，而是以设计在某类产业或某领域中的应用为主要研究对象，强调设计对产业或领域的推动促进作用。国内则多以产业为出发点，对其中涉及的设计进行研究。比较发现，国内外设计产业的研究主体存在差异。

③设计产业研究方法。国内外研究对于设计产业的研究方法相似，多以定性研究为主，不同之处在于，国内文献研究法应用得更多。

④由于国外设计战略起步较早，对于设计政策的研究更为深入，设计政策的数量众多，政策条款整体性系统性强，设计专项政策相对完备。受自然、经济、社会政治等众多因素的影响，国外设计行业已经实行有计划的资源整合和宏观调整，

并根据自身发展要求建立起国家设计创新体系。我国的设计产业发展仍处在初级阶段，与国民经济发展要求和西方老牌发达国家相比，我国仍有很大差距。目前国内设计政策存在专项政策占比较小、政策条款碎片化、政策有效性较低等问题。

综合西方与我国研究现状，目前，设计产业的研究对象、研究角度、研究方法均较为丰富，同时也存在不足之处。国外研究针对特定某一设计产业的研究相对较少，对整个设计产业的发展依旧存在一定的空白。国内对设计产业的研究多集中于单一类型设计产业，对整个设计产业的发展研究较少；此外，以往的设计产业的研究多以经济学视角为出发点，以产业的萌芽、发展、繁荣、消亡为主线，以时间序列上的研究为主，缺乏地理视角下的纵向研究，因此，本研究从地理视角出发，研究北京市设计产业的时空演变，以期为设计产业的规划发展、政策制定提供一定的参考意义，一定程度上弥补设计产业研究视角的空白。

1.3 研究思路与框架

1.3.1 研究思路

基于设计学、经济学以及地理学相关理论，在对国内外关于设计产业分类、设计产业组织、产业结构、设计产业集聚与扩散、设计产业空间拓展、设计产业发展的影响因素相关研究文献进行梳理，总结其经验和存在不足的基础上，提出研究问题，并开展北京市设计产业空间发展格局演变及机理研究。

在分析北京市设计产业以及四大类总体发展现状、特点及存在问题的基础上，深入分析北京设计产业发展2010年到2021年的动态变化以及空间变化上呈现出来的特点及其原因，然后从自然因素、经济因素、政策因素、技术因素、城市性质和定位来分析北京市设计产业空间发展格局，最后提出北京市设计产业发展对策建议。

1.3.2 研究框架

全文共分为9个章节，第一章是绪论，从研究背景和意义、国内外研究现状、整体思路与框架等入手，通过梳理设计产业相关文献，分析现有研究不足之处，提出本文研究侧重点。第二章是相关理论，从设计学、经济学及地理学角度出发，梳理设计产业的基本概念及空间演变、产业分工等基础理论。第三章是研究方法与数据来源，选取相应的数据，通过地理信息系统平台进行分析。第四章是北京市设计产业发展现状，通过分析北京市设计相关企业的空间分布，得出目前北京设计产业空间分布规律。第五章是北京市设计产业发展的时空动态变化，通过设计产业及其四大类的时空动态变化得出北京市设计产业近10年的空间发展格局演变。第六章是北京市设计产业发展机理分析，以地理学为基本视角，从自然因素、经济因素、政策因素、技术因素及城市性质五个角度分析其空间演变机理，继以更长周期的建筑与设计产业样本实证设计产业的空间演变与影响因素。第七章对设计产业与北京市城市化进程的耦合度、协调度进行分析。第八章是北京市设计产业发展的空间趋势预判。第九章是北京市设计产业发展对策建议，梳理我国现有设计产业发展的相关经验及政策，参照目前北京市设计产业发展存在的问题，对北京市设计产业的发展提出相应建议。第十章是结论与讨论（图1-1）。

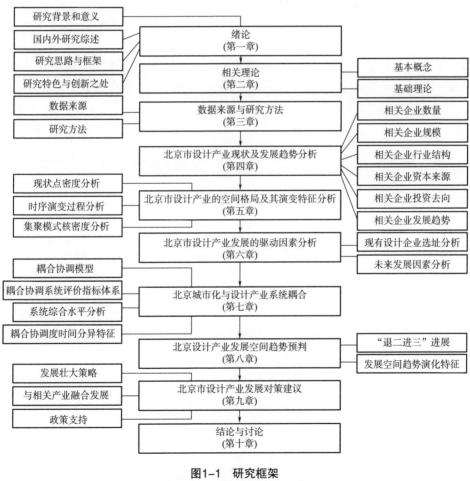

图1-1 研究框架
Fig 1-1　Study framework

1.3.3　研究步骤

①文献梳理。通过大量文献梳理，根据设计产业定义及分类确定了研究对象；基于经济学、地理学相关理论，确定本文研究框架。

②数据搜集。通过前期基础资料与实地调研的积累，搜集并整理百度地图、北京市城市规划、北京市遥感影像、北京市设计产业登记注册等数据。

③数据处理。运用大数据研究方法，基于ArcGIS地理信息系统平台，运用ArcGIS空间分析模块、CA-Marovmox模型、重心与标准差椭圆分析对数据进行可视化处理。

④现状分析。通过数据处理结果，总结分析北京设计产业发展现状及发展趋势，揭示北京市设计产业相关企业的分布特征、时序演变过程及集聚模式。

⑤因素分析。基于访谈及实地调研深度剖析了目前驱动北京设计产业的影响因素，同时对未来发展因素进行分析。

⑥耦合协调度。将设计产业与北京市城市化系统进行耦合协调度分析，协调二者发展关系，为实现城市—设计产业综合系统均衡且全方位的发展提供依据。

⑦趋势预判。结合当下北京市产业结构布局调整，对未来北京设计产业空间发展区域进行预判。

⑧对策建议。基于现状分析、影响因素与未来发展趋势预判，对北京市设计产业的发展提出相应对策建议。

1.4　研究特色与创新之处

①研究视角创新。融合了地理学、设计学、产业经济学等多个视角，将产业区位与集聚理论、产业经济发展理论、增长极等多领域基础理论引入设计产业研究中，在研究视角上具有创新性。

②研究内容创新。首先归纳了设计产业的发展历程及发展背景，运用数学模型定量揭示了北京市设计产业的发展近20年的布局性、特征性和规律性；探究了目前设计企业选址因素及未来发展的驱动因素，将城市化进程与设计产业的协调发展进行研究，提出了相应发展路径与对策，在提高北京市设计产业发展水平、推动北京市设计产业的空间布局模式与策略方面具有重要意义，因此在内容上具

有创新性。

③研究方法创新。将地理学方法首次应用于设计产业相关研究，运用大数据的分析方法和手段，基于ArcGIS地理信息系统平台，运用ArcGIS空间分析模块的重心与标准差椭圆分析、自相关分析、核密度分析、CA-Marovmox等方法对北京市设计产业发展现状进行可视化，揭示其空间演化特征，并进一步探究其发展趋势及发展驱动因素。

2 相关理论

2.1 基本概念

目前，我国对于"设计"的总体认识尚处于探索阶段，对于"设计产业"的定义及其内涵范围的界定也处于探索阶段，目前关于设计产业的界定主要是一些发达国家和地区以及国内领先城市对于设计产业的定义及内涵范围的界定。

2.1.1 设计产业定义

（1）创意与设计

①设计。设计"design"概念产生于意大利的文化复兴时期，最初意思是指绘画等视觉上的艺术表达。中国古代文献上也有关于设计的词义解释，《周礼·考工记》中有"设色之工：画、缋、锺、筐、荒"，其中"设"与拉丁语中的"disegnare"意思一致，为"制作、制图、计划"。而《管子·权修》中"一年之计，莫如树谷，十年之计，莫如树木，终身之计，莫如树人"中的"计"意思则为"计划、安排"。中文中的设计源于英语"design"翻译词汇。从词源学的角度考察，"设"就意味着"创造"，"计"意味着"安排"，设计是一种构思与计划。英语"design"的基本词义是"图案""花样""企图""构思""谋划"等，词源是"刻以印记"的意思。

"设计"在中国的定义与国际工业设计联合会2006年的定义基本一致，主要指从美学的角度、产品的外观触感等出发，以产品为导向，有目标地将计划、规划、设想通过视觉、听觉、嗅觉、触觉等感官形式传达出来的艺术性的创作活动，一般以此作为设计的广义概念，而狭义概念则被认为等同于"工业设计"。随着社会的发展，设计的定义被不断地更新和完善，设计必然与创新、创意相关联，是运用各种科学技术知识进行的相关活动。同时设计过程也涉及艺术和文化，是一种人性化的创新活动，并与市场机会相结合[170]。日本中生代国际级平面设计大师原研哉认为，"所谓设计，通过创造与交流来认识我们生活在其中的世界"。因此设计的基本概念是"人为了实现意图的创造性活动"。它有两个基本要素：一是人的目的性，二是活动的创造性[171]。

②创意。关于什么是创意，学者们都有自己的答案。建筑学者库地奇（JohnKurdich）认为：创意是一种挣扎，寻求并解放我们的内在。赖声川先生说："创意是看到新的可能，再将这些可能性组合成作品的过程。"国际创意产业之父约翰·霍金斯（2001）认为，创意是人们的想象力和创造力[172]。自古至今，中国对"创意"也有详细的论述，汉王充《论衡·超奇》："孔子得史记以作《春秋》，及其立义创意，褒贬赏诛，不复因史记者，眇思自出于胸中也。" 王国维《人间词话·第三十三则》："美成深远之致不及欧秦，唯言情体物，穷极工巧，故不失为第一流之作者。但恨创调之才多，创意之才少耳。"郭沫若《鼎》："文学家在自己的作品的创意和风格上，应该充分地表现出自己的个性。"毋庸置疑，创意是人类的一种思维活动，是创新的意识与思想。因此，创意是设计的灵魂，是推动设计的内生力量。

（2）设计产业相关概念的界定

对于设计产业，国内外尚未形成统一的定义，最早关于设计产业这一说法是2010年北京发布的《北京市促进设计产业发展的指导意见》中用到的"设计产业"一词，但是没有对其进行详细的阐释。国内外关于设计产业相关的研究中，与之相似的概念有"创意设计产业""设计服务业""工业设计产业"。2012年国家统计局对《文化及相关产业分类》进行了修订，新增加了"文化创意和设计服务"这一产业类型，但是并没有详细界定什么是"文化创意和设计服务"，只是对其范围进行了说明，主要包括广告服务、文化软件服务、建筑设计服务、专业设计服务。为发展文化产业、推进社会主义文化繁荣兴盛提供统计服务，2018年国家统计局对2012版《文化及相关产业分类》重新修订，将"文化创意和设计服务"修改为"创意设计服务"。"创意设计服务"主要涵盖广告服务（互联网广告服务、其他广告服务）和设计服务（建筑设计服务、工业设计服务、专业设计服务）。

①创意产业。国内关于设计产业或者文化创意产业的研究，基本都是基于创意产业开始的。创意产业最早产生于英国，1998年英国的《英国创意产业路径》文件中首次明确了创意产业概念：源自个人创意、技巧及才能，通过知识产权的开发和运用，具有创造财富和就业潜力的行业。联合国教科文组织（2006）则强调了创意产业对无形文化内涵的运用，认为创意产业是生产和创造内容密集型的

产业活动。西方学术界关于创意产业的研究，多采用Throsby（2008）对创意产业的定义，将创意作为创意产业的重要资源和特征，并以此为基点，构建创意产业的内涵，主要包括核心创意产业（文化、音乐、表演艺术和视觉艺术）、其他核心创意产业（电影、博物馆、美术馆、图书馆和摄影）以及其他外围的文化产业和相关文化产业。

国内的创意产业这一概念首先出现在我国的上海和深圳等沿海经济发展水平较高的城市。2006年创意产业首次在《国家"十一五"时期文化发展规划纲要》中被提出，这也是它第一次出现在中央重要文件中，但是都没有对创意产业给出明确界定。我国国家统计局对文化产业的界定是，"为社会公众提供文化产品和文化相关产品的生产活动的集合"。2015年北京市统计局在《北京市文化创意产业分类标准》中，将文化创意产业界定为：以创作、创造以及创新为根本手段，以文化内容及创意成果为核心价值，以知识产权实现或消费为交易特征，为社会公众提供文化体验的具有内在联系的产业集群[173]。

国内学术界以及学者对于创意产业的界定也有自己的看法。著名学者金元浦（1998）认为：文化创意产业的核心是创意，是以文化消费需求为前提，以先进科技为支撑，通过创意将文化产品化、工业化的新型产业形式[174]。厉无畏（2004）则提出一种新型概念，他认为文化创意产业的本质是推动产业之间的协作和重组[175]。王亚娟（2013）认为创意产业就是在当今全球化、现代化和市场化的背景下，以消费时代人们对精神、文化、娱乐等广泛需求为市场，以文化创意为核心，以信息技术等高科技手段为支撑，以网络等传播媒介为主导，以经济与全面结合为特征，向大众提供文化、艺术、精神、心理、娱乐等产品并获得高额利润的新兴产业，并且逐渐形成为跨国家、跨行业、跨部门、跨领域的新型产业集群[176]。不管是从哪个角度来理解、界定创意产业，设计产业都是创意产业的重要组成部分。

②工业设计业。工业设计这一概念早于1919年由美国艺术家约瑟夫·西奈尔（Joseph Sinell）首次提出。时至今日，其内涵已发生了多次变化。国际工业设计学会联合会主席马尔多纳多在1965年指出："工业设计是一种创造性的活动，旨在确定工业产品的形式属性。虽然形式属性也包括产品的外部特征，但更主要的却是结构与功能的相互联系，它们将产品变成从生产者和消费者双方的观点来看的统一的整体。"这一观点赋予了工业设计新的内涵，强调了对产品的"外部特征"和"形式属性"的区分。随后，在2006年，国际工业设计协

会（ICSID）对工业设计作出了新的定义：工业设计是一种创造性的活动，其目的是为物品、过程、服务及它们在整个生命周期中构成的系统建立起多方面的品质。2010年，我国工信部联合十一部委首次在其印发的《关于促进工业设计发展的若干指导意见》（工信部联产业〔2010〕390号）对工业设计作出了鲜明的定义：工业设计是以工业产品为主要对象，综合运用科技成果和工学、美学、心理学、经济学等知识对产品的功能、结构、形态及包装等进行整合优化的创新活动。国际设计组织［WDO，前身为国际工业设计协会（ICSID）］2015年对工业设计进行了新的定义，"引导创新活动、促进商业成功和实现美好生活，是一种策略性解决问题的过程，主要应用于产品、系统、服务及体验的设计活动[177]"。

③设计服务业。设计服务业的产生和发展是随着专业化分工深化、科技进步，而逐步从制造业中独立出来的新兴产业业态，是以个人创造力为核心，交叉利用工程、社会及人文科学等专业技能，进行各种设计活动的产业[178]。有的学者从设计的产业化效应对其进行了研究，认为设计的产业化进程，是设计产业价值增值的社会化过程[179]。

目前学术界对于设计产业的定义还不明确，海军（2007）认为设计产业是以工业产品设计为基础的产业体系，它包含了以设计创意、产品形态设计为核心的基本过程，涵括了平面设计、多媒体设计、环境艺术设计、展示设计、时装设计、装饰设计，甚至传统手工艺设计等相关行业[180]。梁昊光（2013）认为设计服务主要是通过设计师的知识和技术创造，使产品品质和附加价值得到迅速提升，使企业得到较高的利润回报，通过市场化的程序，根据消费者的需求来定位发展方向与方式，在市场化运作中找到需求点，以满足这些需求点为目的来进行的创新创造。因此，设计服务业主要依靠智力资源投入，具有知识密集、产品科技含量高、产出率高、无污染等现代服务业特点[181]。

（3）国内领先城市对设计产业的界定

①北京市设计产业定义。北京统计局（2015）将设计产业定义为以工业产品、建筑与环境、视觉传达等有形或无形的产品为主要对象，以提升产品价值、改善用户体验为目的，将创意转化为解决方案的创造性活动的集合。在本研究中采用北京统计局对设计产业的定义。

②上海市设计产业定义。上海市在2018年《促进上海创意与设计产业发展的实施办法》中指出强化设计驱动，着力建设国际"设计之都"，以大数据为支

撑，以交互设计为手段，聚焦工业设计、时尚设计、建筑设计、广告设计、平面与多媒体设计等重点领域，发展服务设计等新业态，发挥创意与设计产业在经济转型升级中的引领和支撑作用。

③深圳市设计产业定义。深圳市对设计产业进行明确定义，是在《深圳市产业机构调整优化和产业导向目录（2016年修订）》中提出重点发展的文化创意产业，其包括：工业设计、平面设计、时装设计、城市与建筑设计、室内设计、广告创意设计、装帧设计7类。

④杭州市设计产业定义。杭州市在2017年《杭州市文化创意产业发展"十三五"规划的通知》中明确表示要重点发展设计服务业，并且指出设计服务业以工业设计、建筑设计和广告服务业为重点发展方向。

2.1.2　设计产业分类

关于设计产业的定义，学术界和国家统计部门的界定不完全一致，因此关于设计产业的分类观点也不唯一。统计界目前关于设计产业分类主要有两大类：一是国家统计局中关于文化及相关产业分类中设计的设计产业分类；二是北京市设计产业分类。

（1）国家文化产业分类中设计产业分类

为贯彻落实党的十六大关于文化建设和文化体制改革的要求，国家统计局在与中宣部及国务院有关文化部门共同研究的基础上，依据《国民经济行业分类》，研究制定了《文化及相关产业分类》，随着经济形势、技术的变化，以及《国民经济行业分类》的变化，《文化及相关产业分类》也经历了三次修订，分别是2004版、2012版和2018版。

《文化及相关产业分类（2018）》是在《文化及相关产业分类（2012）》的基础上，依据新的《国民经济行业分类（GB/T 4754—2017）》修订形成的，并兼顾文化管理需要和可操作性，与联合国教科文组织《文化统计框架—2009》相衔接[182]。2018版《文化及相关产业分类》更符合文化及相关产业定义的活动小类，操作性更强。

在2018版《文化及相关产业分类》中关于设计产业的分类主要有创意设计服务，其包含广告服务和设计服务两个中类，还可以进一步分为互联网广告服务、其他广告服务、建筑设计服务、工业设计服务和专业设计服务5个小类（表2-1）。

表2-1 国家文化产业分类中设计产业分类表

Tab 2-1 Design industry classification table of national cultural industry classification

代码			类别名称	说明	行业分类代码
大类	中类	小类			
03	031		文化核心领域	本领域包括01-06大类	
			创意设计服务		
			广告服务		
		0311	互联网广告服务	指提供互联网广告设计、制作、发布及其他互联网广告服务。包括网络电视、网络手机等各种互联网终端的广告的服务	7251
		0312	其他广告服务	指除互联网广告以外的广告服务	7259
	032		设计服务		
		0321	建筑设计服务	仅包括房屋建筑工程，体育、休闲娱乐工程，室内装饰和风景园林工程专项设计服务。该小类包含在工程设计活动行业小类中	7484*
		0322	工业设计服务	指独立于生产企业的工业产品和生产工艺设计，不包括工业产品生产环境设计、产品传播设计、产品设计管理等活动	7491
		0323	专业设计服务	包括时装、包装装潢、多媒体、动漫及衍生产品、饰物装饰、美术图案、展台、模型和其他专业设计服务	7492

比较北京市设计产业分类和国家文化产业分类中的设计产业分类，可以看出，北京市设计产业范围更广，分类更精细。北京市设计产业的分类中强调"设计"，而文化产业中设计产业的分类强调"创意"。在本文的研究中，依据北京市设计产业分类标准进行分析。

（2）北京市设计产业分类

当前，我国各省份关于设计产业的范围和界定还没有实现统一口径。2015年，北京市统计局对外正式发布了《关于印发个关于设计产业分类统计（实行）的通知》将设计产业分为产品设计、建筑与环境设计、视觉传达设计和其他设计4大类，以及服装设计、时尚设计、规划设计等12个种类（表2-2）。其中首次单独列示了展示设计、工业设计、动漫设计等领域，并补充了工艺美术设计、集成电路设计等体现北京特色的领域。

表2-2　北京市设计产业统计分类表

Tab 2-2　Beijing's design industry statistical classification table

设计产业统计分类	对应国民经济行业分类代码及说明
一、产品设计	
（一）工业设计	工业设计是对工业产品的功能、结构、形态及包装等进行整合优化的创新活动，其核心是指对批量化工业产品的设计
（二）集成电路设计	集成电路设计是根据电路功能和性能的要求，在正确选择系统配置、电路形式、器件结构、工艺方案和设计规则的情况下，尽量减小芯片面积，降低设计成本，缩短设计周期，设计出满足要求的集成电路的活动
（三）服装设计	服装设计是运用各种服装知识、剪裁及缝纫技巧等，考虑艺术及经济等因素，按照穿着者需求对服装款式进行设计的行为
（四）时尚设计	时尚设计是对包括衣着打扮、饮食、行为、居住、消费、情感表达与思考方式等，为社会大众所崇尚和仿效的生活样式等的设计活动
（五）工艺美术设计	工艺美术设计是对于以美术技巧制成的各种与实用相结合并有欣赏价值的工艺品的设计活动
二、建筑与环境设计	
（一）建筑设计	建筑设计是解决包括建筑物内部各种使用功能和使用空间等的合理安排，是建筑物与周围环境、与各种外部条件的协调配合，内部和外表的艺术效果
（二）工程设计	工程设计是指对工程项目的建设提供有技术依据的设计文件和图纸的整个活动过程。本标准工程设计是指除房屋建筑工程以外的其他工程设计
（三）规划设计	规划设计是对于城市各功能系统、城市形态与景观环境、人居环境可持续发展等方面内容进行具体规划及总体设计，使其功能、风格符合其定位
三、视觉传达设计	
（一）平面设计	平面设计是以"视觉"作为沟通和表现的方式，通过多种方式创作，并结合符号、图片和文字传达想法或讯息的视觉表现
（二）动漫设计	动漫设计是主要通过漫画、动画结合故事情节的形式，以平面二维、三维动画、动画特效等相关表现手法，形成特有视觉艺术的创作模式
（三）展示设计	展示设计是指将特定的物品按照特定的主题和目的，在一定空间内，运用陈列、空间规划、平面布置和灯光布置等技术手段传达信息的设计形式
四、其他设计	
其他设计	其他设计指随着社会经济发展产生的其他各类前沿设计活动
其他未列明的设计	7233*、7239*、7519*、8790*

2.1.3　研究对象界定

本研究的研究对象是北京设计产业，依据北京市设计产业空间布局变化的现实情况，探析影响北京设计产业空间布局的影响因素，分析北京设计产业空间布局演变机理，提出促进北京设计产业发展的对策建议。

2.2 基础理论

2.2.1 产业区位理论

产业空间布局理论是产业经济学和区域经济学交叉的重要理论，区位理论在产业空间布局理论中具有重要作用，不同经济学家从不同角度继承和发展了区位理论。区位理论着重分析企业进行区位选择的影响因素，从点、线、面等区位要素进行归纳演绎，从地理空间角度揭示了人类社会经济活动的空间分布规律，揭示各区位因子在地理空间形成发展中的作用机制，并着重分析企业进行区位选择时考虑的因素[183]。

德国经济地理学家冯·杜能（J.H. von Thunen）提出了区位运输差异理论，开创了区位理论先河。此后，他还从企业选址角度提出了产业区位理论。德国经济学家阿尔费雷德·韦伯（Alfred Webber）认为，集聚在费用最小区位，可使企业获得最小运输成本。韦伯针对工业生产领域，把生产、流通、消费三个环节作为研究对象，探讨工业生产领域的形成、布局和发展。此外，他还把资本与人口向大城市集聚的现象归因于工业生产活动的集聚。他总结出为降低企业生产和销售的成本，寻求外部经济是产业集聚形成的原因。而且产业集聚一旦在市场需求大的地方形成，就会自发延续。韦伯把集聚因素分为两个阶段：初级阶段，企业自身扩大产生集聚优势；高级阶段，企业之间通过相互联系，实现地方工业化。

胡佛（E.M. Hoover）认为集聚经济分为三种类型，即内部规模经济、地方化经济、城市化经济，它们分别代表了集聚给一个企业、一个地区、一座城市带来的经济发展优势。

2.2.2 产业集聚理论

（1）马歇尔的空间外部性

19世纪末，英国经济学家马歇尔（CAlfred Marshall，1890）开创性地研究了产业集聚这一经济现象，提出产业集聚的空间外部性概念。马歇尔从新古典经济学的角度，通过研究工业组织，间接表明了企业为追求外部规模经济而聚集。他认为外部经济往往能因许多性质相似的企业集中在特定的地方，即"工业地区分布"而获得。马歇尔提出集聚形成的相关外部性包括以下三个方面：第一，集聚能够共享辅助性工业的服务，促进专业化投入和服务的发展；第二，集聚能够为具有专业化技能的工人提供集中的市场；第三，集聚能够提供协同创新的环境，使企业从技术溢出中获益。

（2）胡佛的产业集聚最佳规模论

20世纪30年代，美国区域经济学家埃德加·M. 胡佛（Edgar M. Hoover）首次将规模经济区分为三个不同的层次（1937）。他认为，就任何种产业来说，都包括三个层次：①由单个区位单位（工厂、商店等）的规模决定的经济；②由单个公司（即联合企业体）的规模决定的经济；③由该产业在某个区位的集聚体的规模决定的经济。

最佳规模和集聚体的最佳规模。这些经济各自得以达到最大值的规模，则可以分别看作是区位单位最佳规模，公司的主要贡献在于指出产业集聚存在最佳规模，若集聚企业少、集聚体规模太小，则达不到集聚能产生的最佳效果，若集聚企业太多，则可能由于某些方面的原因使集聚区的整体效应下降。

（3）产业空间理论

斯科特（Scott，1982，1988）应用宏观经济理论探讨了当代生产的组织变化，主要集中在灵活的"产业区"或新的"产业空间"，他创立了新产业空间理论。在这些新产业区，生产同种产品类型的大量中小企业聚集在一起，共同发展。这些中小企业之间既竞争又合作，合作的形式不仅有正式的战略联盟、合同契约和投入产出联系，还包括非正式的交流、沟通、接触和面对面的交谈。正是中小企业之间的这种有效的合作网络，产生了一种内在生产力，使当地经济迅速增长。

波特（Porter，1990，1994）提出了地区竞争力的著名的"钻石"模型，从竞争力的角度来说明产业集聚现象，他还提出了"产业群"的概念，特别强调产业集聚对一定死去产业的国际竞争力的作用。

2.2.3　产业经济发展理论

（1）区域经济发展阶段理论

胡佛及费希尔认为，区域经济的增长通常要经历五个阶段：自给自足阶段、乡村工业崛起阶段、农业生产结构转换阶段、工业化阶段及服务业输出阶段。后两个阶段中，服务的输出已成为区域经济增长的重要推动力之一。相似的阶段论还包括美国经济学家罗斯托和我国学者陈栋生，前者认为区域经济增长可分为传统社会阶段、起飞准备阶段、起飞阶段、成熟阶段、高额群众消费阶段和追求生活质量阶段；后者认为区域经济增长可分为不发育阶段、成长阶段、成熟阶段和衰退阶段。设计产业作为第三产业，属于区域经济发展的后期阶段。

（2）产业生命周期理论

该理论针对产业发展过程中的技术与产业关系将其划分为五个阶段：萌芽期、成长期、成熟期、衰退期及升级期。升级期主要表现为资本收益率增加、高素质劳动力比例提高、产业技术含量提高。设计产业依附于其他产业而存在，在产业发展的升级期作用更加明显。

（3）区域产业结构演进理论

区域产业结构演进理论解释了产业结构发展的方向、方式及途径。该理论认为，随着社会经济和国民收入水平的提高，市场劳动力由第一产业转向第二产业，后继续转向第三产业。同时出现一产比重下降、二产比重先上升后下降、三产比重持续上升的现象。我国正处于二、三产业蓬勃发展阶段，这为设计产业的发展提供了良好的经济环境。

（4）设计产业集群理论、3T及6阶段理论

产业集群是指在一种产业内的中小企业在自然环境、历史等多因素作用下产生集聚，通常会产生较大的集聚效应。很多学者认为，创意城市、创意阶层、创意意境等因素促进了设计产业的集聚发展。

3T理论诞生于创新型城市中，由理查德·佛罗里达等人提出。 3T要素具体指技术（Technology）、人才（Talent）和包容（Tolerance），这些要素是建设创新型城市的必要条件。在3要素中，技术是核心要素，人才即人力资本是关键要素，包容作为一个环境要素极大地促进了创新生产能力与创新人才的竞争能力。设计产业的发展离不开创新，因此一个地区的包容开放的程度决定了它吸引创新人才的能力。

6阶段理论是刘强在城市更新背景下针对创意设计产业提出的发展阶段模型理论。该理论模型强调发现已存在的创意产业集群，同时要为产业集群提供发展战略，为产业集群拓宽发展之路，为产业集群提供关键要素供给，强化产业集群运作与优化等。

2.2.4　增长极理论

增长极理论是产业空间布局理论的进一步发展。增长极理论是由法国经济学家弗朗索瓦·佩鲁（Francois Peyrout）在1950年首次提出的，其基本思想是：增长并非出现在所有地方，而是以不同强度首先出现在一些增长点或增长极，这些增长点或增长极通过不同的渠道向外扩散，对整个经济产生不同的最终影响。他借喻了磁场内部运动在磁极最强这一规律，称经济发展的这种区域极化为增长极。佩鲁认为，在国家经济增长过程中，增长极是围绕推进性的主导工业部门而组织的有活力的高度联合的组产业，它不仅能迅速增长，而且能通过乘数效应推动其他部门的增长。根据增长极理论，后起国家在进行产业布局时，首先可通过政府计划和重点吸引投资的形式，有选择地在特定地区和城市形成增长极，使其充分实现规模经济并确定在国家经济发展中的优势和中心地位，然后凭借市场机制的引导，使增长极的经济辐射作用得到充分发挥，并从其邻近地区开始逐步带动增长极以外地区经济的共同发展。

3 数据来源与研究方法

梳理相关研究后，根据所获取的数据和研究内容，确定本文研究方法，更加充分分析北京市设计产业时间、空间的格局演变及其驱动机理等问题。

3.1 数据来源

根据研究数据的作用，本研究将北京市设计产业相关数据源划分为主体数据和辅助数据两部分。

主体数据。设计产业作为一种产业形态，需依附于企业而存在，因此设计企业的空间分布可基本表达设计产业的空间分布，为此，本研究选取设计企业的分布表征设计产业的空间分布。设计企业数据搜集过程如下：①设计产业分为4大类，分别找出四类企业并在图上标示出来。②通过企业名称筛选得到设计企业。企业名称及其分布主要有3个来源：一是工商部门相关信息，包括工商部门每年注册的企业、名称、位置、注册资本、规模等（http：//www.gsxt.gov.cn/index.html#；http：//scjgj.beijing.gov.cn/cxfw/）；二是经济普查成果中的企业信息（https：//data.cnki.net/StatisticalData/Index?ky=%E5%8C%97%E4%BA%AC%E7%BB%8F%E6%B5%8E）；三是百度地图、Google Maps搜集信息，包括企业名称和数量等（https：//map.baidu.com；http：//www.gditu.net/）。借助ArcGIS平台，将搜集得到的设计企业信息空间化。③北京市城市规划及遥感影像（http：//bzdt.ch.mnr.gov.cn/download.html?superclassName=%25E5%2588%2586%25E7%259C%2581%25EF%25BC%2588%25E5%258C%25BA%25E3%2580%2581%25E5%25B8%2582%25EF%25BC%2589%25E5%259C%25B0%25E5%259B%25BE&largeclassName=%25E5%258C%2597%25E4%25BA%25AC%25E5%25B8%2582；http：//www.gscloud.cn/sources/accessdata/411?pid=263）。

辅助数据。北京市设计类高校、设计培训机构等数据；北京市统计年鉴和各区统计年鉴、北京市第三次经济普查数据（https：//navi.cnki.net/knavi/yearbooks/

index；https：//data.cnki.net/Yearbook/Navi?type=type&code=A#）；设计产业招聘数据；北京市科协、北京市统计局、北京市文化创意产业促进中心、全产业数据（由龙信数据库采集）；调研问卷数据等。本研究力图使用设计产业相关数据，刻画出北京市设计产业空间发展格局及其演变规律，并试图探究其形成机理。

3.2 研究方法

3.2.1 ArcGIS空间分析方法

（1）ArcGIS软件平台

由美国环境系统研究所（Environment System Research Institute，ESRI）开发的ArcGIS软件平台是目前代表着最高技术水平的GIS软件，其强大的空间分析功能使得用户可以基于地理信息数据进行空间位置、空间分布、空间形态和空间关系的相关分析。这里对于设计产业空间演变的分析，即是基于地理信息数据，应用ArcGIS空间分析模块完成的。

（2）空间分析模块

ArcGIS空间分析模块，能够基于栅格数据结构，为用户提供极强的空间运算和数据可视化能力。设计产业的分析过程主要用到空间分析模块中的以下技术：点密度分析以及空间集聚模式的核密度分析；标准差椭圆分析设计产业重心转移，空间自相关分析用于分析设计企业布局特征。

①点密度及核密度分析。核密度分析包括点要素分析和线要素分析，本研究将企业抽象为点，进行点密度和核密度分析。该工具主要用于计算要素在其周围领域中的密度。在概念上，每个点上方均覆盖着一个平滑曲面。在点所在位置处表面值最高，随着与点的距离的增大表面值逐渐减小，在与点的距离等于搜索半径的位置处表面值为零。每个输出栅格像元的密度均为叠加在栅格像元中心的所有核表面的值之和。核密度函数以二次核函数为基础，公式如下：

$$f(s)= \sum_{i=1}^{n} \frac{1}{h^2} K\left(\frac{s-c_i}{h}\right) \tag{3-1}$$

式中：$f(s)$为空间位置s处的核密度计算函数；h为距离衰减阈值；n为与位置s的距离小于或等于h的要素点数；K函数则表示空间权重函数。这一方程的几何意义为密度值在每个核心要素c_i处最大，并且在远离c_i过程中不断降低，直至与核心c_i的距离达到阈值h时核密度值降为0。

②标准差椭圆分析。其常用于分析一组点或区域的空间分布趋势，在本研究中被用来分析设计企业的空间分布趋势。其原理是：分别计算X和Y方向上的标准距离。这两个值可用于定义一个包含所有要素分布的椭圆的轴。该方法是由平均中心作为起点，对x坐标和y坐标的标准差进行计算，从而定义椭圆的轴，因此该椭圆被称为标准差椭圆。

标准差椭圆的形式为：

$$SDE_x = \sqrt{\frac{\sum_{i=1}^{n}(x_i-\overline{X})^2}{n}} \tag{3-2}$$

$$SDE_y = \sqrt{\frac{\sum_{i=1}^{n}(y_i-\overline{Y})^2}{n}} \tag{3-3}$$

式中：x_i和y_i是要素i的坐标，$\{\overline{X}, \overline{Y}\}$表示要素的平均中心，$n$为要素总数。

旋转角的计算方法为：

$$\tan\theta = \frac{A+B}{C} \tag{3-4}$$

$$A = \left(\sum_{i=1}^{n}\tilde{x}_i^2 - \sum_{i=1}^{n}y_i^2\right) \tag{3-5}$$

$$B = \sqrt{\left(\sum_{i=1}^{n}\tilde{x}_i^2 - \sum_{i=1}^{n}y_i^2\right)^2 + 4\left(\sum_{i=1}^{n}\tilde{x}_i\tilde{y}_i\right)^2} \tag{3-6}$$

$$C = 2\sum_{i=1}^{n}\tilde{x}_i\tilde{y}_i \tag{3-7}$$

式中：$\tilde{x}_i$、$\tilde{y}_i$是平均中心和x、y坐标的差。

x轴和y轴的标准差为：

$$\sigma_x = \frac{\sqrt{2}\sqrt{\sum_{i=1}^{n}(\tilde{x}_i\cos\theta - \tilde{y}_i\sin\theta)^2}}{n} \tag{3-8}$$

$$\sigma_x = \frac{\sqrt{2}\sqrt{\sum_{i=1}^{n}(\tilde{x}_i\sin\theta - \tilde{y}_i\cos\theta)^2}}{n} \tag{3-9}$$

③空间自相关（Global Moran's I）分析。其目的是确定某一变量是否在空间上相关，其相关程度如何。本研究用于判别企业空间分布是否具有相关性及依赖性。具体来讲，空间自相关系数是用来度量要素在空间上的分布特征及其对领域的影响程度。如果某一变量的值随着测定距离的缩小而变得更相似，这一变量呈

空间正相关；若所测值随距离的缩小而更为不同，则称为空间负相关；若所测值不表现出任何空间依赖关系，那么，这一变量表现出空间不相关性或空间随机性。通过计算Moran's I指数值、Z得分和P值来对该指数的显著性进行评估，具体计算如下：

空间自相关的Moran's I统计可表示为：

$$I = \frac{n}{S_0} \frac{\sum_{i=1}^{n}\sum_{j=1}^{n} w_{i,j} z_i z_j}{\sum_{i=1}^{n} z_i^2} \tag{3-10}$$

式中：z_i是要素i的属性与其平均值$(x_i - \overline{X})$的偏差，$w_{i,j}$是要素i，j之间的空间权重，n是要素总数，S_0为所有空间权重的聚合。

$$S_0 = \sum_{i=1}^{n}\sum_{j=1}^{n} w_{i,j} \tag{3-11}$$

统计Z_I的得分按以下形式计算：

$$Z_I = \frac{I - E[I]}{\sqrt{V[I]}} \tag{3-12}$$

其中：

$$E[I] = \frac{1}{n-1} \tag{3-13}$$

$$V[I] = E[I^2] E[I]^2 \tag{3-14}$$

其他计算如下：

$$E[I^2] = \frac{A+B}{C} \tag{3-15}$$

$$A = n[n^2 - 3n + 3] S_1 - n S_2 + 3 S_0^2 \tag{3-16}$$

$$B = D[(n^2 - n) S_1 - 2n S_2 + 6 S_0^2] \tag{3-17}$$

$$C = (n-1)(n-2)(n-3) S_0^2 \tag{3-18}$$

$$D = \frac{\sum_{j=1}^{n} z_i^4}{\left(\sum_{j=1}^{n} z_i^2\right)^2} \tag{3-19}$$

$$S_1 = \frac{1}{2} \sum_{i=1}^{n}\sum_{j=1}^{n} (w_{i,j} + w_{j,i})^2 \tag{3-20}$$

$$S_2 = \sum_{i=1}^{n} \left(\sum_{j=1}^{n} w_{i,j} + \sum_{j=1}^{n} w_{j,i}\right)^2 \tag{3-21}$$

3.2.2 元胞自动机理论

19世纪40年代末期，CA模型由著名的学者冯·诺依曼（Von Neumann）和斯坦尼斯洛·乌拉姆（Stanislaw Ulam）为了模拟在生命系统中自我复制的现象而提出，冯·诺依曼在数据领域和计算机领域具有杰出的贡献，斯坦尼斯洛·乌拉姆在数据领域具有杰出的贡献，这为他们提出CA模型奠定了理论和实践基础。CA模型是研究复杂性系统的有效模型，但CA模型没有统一的数学公式，它是对符合CA一系列转换规则的所有模型的总体概括，也可以认为是一种总体框架。CA具有强大的并行计算的能力，因而成为研究复杂性系统的有效模型，也因此，CA在地貌演化、自然灾害、城市增长和土地利用演化模拟等众多地理学领域中得到了广泛的应用。在土地利用模拟中，CA采用"自下而上"的模拟思路进行土地利用演变模拟。

（1）CA的构成

CA由元胞、元胞空间、转换规则等组成（图3-1），是一种在状态、时间以及空间上都属于离散形式的网格状的动力学模型，具有模拟复杂系统时刻演化的能力。元胞空间是所有元胞的集合，通常为计算方便，采用四方形的空间分布；元胞是CA模型的基本构成单位，元胞状态在LUCC模拟中指每个元胞所代表的土地利用类型；邻域是中心元胞根据某个特定的规则确定的多个元胞集合，通常采用四种类型，如冯·诺依曼（Von Neumann）型元胞邻域、马格勒斯（Margolus）型元胞邻域等（图3-2）；转换规则是CA的核心部分，它决定了CA最终的模拟结果[184]，具体函数式见公式（3-22）。

$$s_{ij}^{t+1} = f(s_{ij}^t, \Omega_{ij}^t, T^t) \tag{3-22}$$

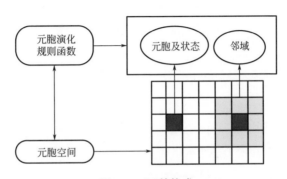

图3-1 CA的构成
Fig 3-1 Composition of CA

式中：s_{ij}^{t+1}和s_{ij}^{t}分别为第ij个元胞在$t+1$与t时刻的土地利用类型；Ω_{ij}^{t}为第ij个元胞的邻域；T^t为第ij个元胞的转换规则；f为转换函数。

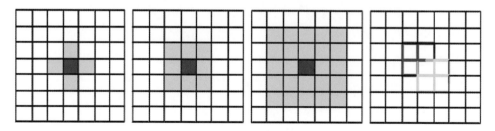

图3-2 CA的邻域类型
（从左至右依次为Von Neumann型、Moore型、扩展的Moore型、margolus型）
Fig 3-2 CA's neighborhood type
（From left to right，Von Neumann type，Moore type，extended Moore type，margolus type）

（2）CA 模型的特征

CA采用"自下而上"的思想对复杂系统进行模拟，没有统一的数学公式，因此具有显著的开放性与灵活性。在空间上，通过中心元胞与其周围邻域元胞的相互作用来模拟复杂的现象；在时间上，元胞下一刻的状态仅由元胞上一刻的状态和转换规则共同确定，最终实现通过简单的局部规则而模拟出全局的复杂状态的目的。CA模型特征如下[185]。

空间离散：各个元胞按照规则格网离散地分布在网格点上，其状态由确定性的规则进行演变。

时间离散：CA的演化前一时刻的元胞状态只对下一时刻的元胞状态产生影响。

有限状态离散：每个元胞的状态只有有限个，如本文中元胞的状态为5种土地利用类型[186]。

并行性：每个元胞状态值的变化是互相独立、互相不影响的，因此CA模型具有强大的并行计算能力。

时空局域性：中心元胞在某个时刻的元胞状态，仅与其邻域内的元胞状态有关。

高维性：假设元胞状态有k个值，理论上CA的演化规则有k^{k^n}种，因此，CA对复杂系统具有较强的模拟能力。

（3）CA 在城市扩张模拟中的优势

CA在复杂系统中模拟的优势，使其在军事、经济、生态学、化学以及社会学领域得到了广泛的应用,以下将对CA在城市扩张模拟中的优势进行总结[87]。

CA与GIS可方便地实现耦合:在数据交流方面,CA模型与GIS模型中均可方便地实现对栅格数据的处理;在数据处理方面,CA模型与GIS均采用离散的方式实现数据处理,因此可方便地实现数据的交流。

CA"自下而上"的模拟思路与设计产业扩张进程中的自组织现象非常相符,因此,CA适合对城市土地利用扩张进行模拟。

CA模型的模拟过程同时涵盖了时间、空间和状态,且将三要素的重要程度视为同等进行模拟,确保了CA在形式和功能上的一致性。

CA是一种动力学模型,可对城市土地利用扩张的动态演化过程进行模拟,因此在城市扩张模拟中具有颇多优点,其体现在与GIS的耦合、"自下而上"的研究思路、形式与功能上的一致性、较静态模型更具优势等方面[187]。

3.2.3 广义有序Logit模型

Logit回归模型基于抽样数据,为各自变量产生回归系数,从而讨论模型中因变量与自变量的关系[188]。若Logit回归模型的因变量需要排序,且选择结果推至多种时,称次序Logit模型,其基本前提是假设北京市中心地区为单中心城市结构[189]。有序Logit模型假设对于不同次序类别的因变量、自变量产生了相同的影响(平行线假设或比例优势假设)[190]。广义有序Logit模型既放宽了有序Logit模型比较优势假定的限制,又消除了多项Logit模型序列信息丢失问题,能够增进估计结果的客观性与准确性[191]。广义有序Logit回归模型的定义为:

$$P(Y_i>j|X)=g(X\beta_j)=\frac{\exp(\alpha_j+X\beta_j)}{1+\exp(\alpha_j+X\beta_j)} \tag{3-23}$$

式中:$j=1,2,\cdots,6$是有序因变量的类别变量,赋值从中心向外升高,系数为负,表示企业区位倾向于市中心;X为影响企业选址的自变量;α_j为截距项;β_j为待估系数。

因此,广义有序Logit模型的概率模型为:

$$P(Y=1|X)=1-g(X\beta_1)$$

$$P(Y=2|X)=g(X\beta_1)-g(X\beta_2)$$

$$P(Y=3|X)=g(X\beta_2)-g(X\beta_3) \tag{3-24}$$

$$P(Y=4|X)=g(X\beta_3)$$

本文选择广义有序Logit模型探讨设计企业空间分布的影响因素，以企业在城市不同圈层间的区位选择作为因变量进行定量分析。具体实现由Stata 16.0 外部命令gologit2实现[192]。

4 北京市设计产业现状及发展趋势分析

设计产业作为生产性服务行业的重要组成部分之一，大力发展设计产业是推动我国生产性服务业与国际接轨的重要途径。进入21世纪以来，设计产业作为文化、科技和经济深度融合发展的产物，凭借其独特的发展模式、产业价值链以及广泛的产业渗透力、带动力、影响力和辐射力，逐渐成为全球经济和现代产业发展的新亮点，其发展规模与影响程度已经成为衡量一个国家和地区综合竞争能力的重要标志，受到各国政府的高度重视。

4.1 北京市设计产业相关企业数量

为了推进"人文北京、科技北京、绿色北京"建设工作，实现将北京打造成世界城市的目标以及提升自主创新能力、加快经济发展方式转变目标的达成，近年来北京市大力发展设计及其相关产业。截至2018年年底，北京市共有设计相关企业总计205521家，其按照设计大类分为建筑与环境设计企业、视觉传达设计企业、产品设计企业和其他类型设计企业（图4-1），其中建筑与环境设计类居首，合计92552家，占总数的45.03%；视觉传达设计类企业位居第二，合计56930家，占总数的27.70%；产品设计类企业位居第三，合计33192家，占总数的16.15%；其他类别数量最少，合计22847家，占总数的11.12%。

4.1.1 北京市建筑与环境设计类相关企业数量及其构成

截至2018年年底，北京市共有建筑与环境设计相关企业总计92552家，包括建筑设计（解决包括建筑物内部各种使用功能和使用空间的合理安排，建筑物与周围环境、与各种外部条件的协调配合，内部和外表的艺术效果的相关设计行业，包括房屋建筑设计、建筑装修装饰设计、景观设计）、工程设计（对工程项目的建设提供有技术依据的设计文件和图纸的整个活动过程）、规划设计（对于城市各功能系统、城市形态与景观环境、人居环境可持续发展等方面内容进行具体规划及总体设计，使其功能、风格符合其定位的设计工作，包括：
农业规划设计、林业规划设计、城乡规划设计、城市园林绿化规划设计、风景
名胜区规划设计、自然保护区规划设计、其他规划设计）三种类型（图4-2），
其中：建筑设计类企业占比75.53%，数量为69903家；工程设计类企业占比
24.10%，数量为22301家；规划设计类企业占比不足1成（0.37%），总数只有
348家。

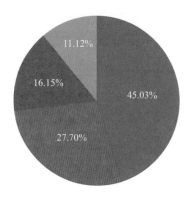

图4-1　北京市设计相关产业企业数量构成（截至2018年年底）
Fig 4-1　Number of design-related industry enterprises in Beijing
（as of the end of 2018）

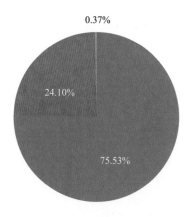

图4-2　北京市建筑与环境设计类相关企业数量构成（截至2018年年底）
Fig 4-2　Number of architectural and environmental design-related enterprises in Beijing
（as of the end of 2018）

4.1.2 北京市视觉传达设计类相关企业数量及其构成

截至2018年年底，北京市共有视觉传达设计类相关企业总计56930家，包括平面设计（以"视觉"作为沟通和表现的方式，通过多种方式创作，并结合符号、图片和文字传达想法或讯息的视觉表现，包括：美术图案设计、包装装潢设计、印刷制版设计、书籍装帧设计、广告设计、多媒体设计、网页设计、界面设计、交互设计、其他平面设计）、展示设计（指将特定的物品按照特定的主题和目的，在一定空间内，运用陈列、空间规划、平面布置和灯光布置等技术手段传达信息的设计形式，包括：展台设计、模型设计、舞台设计、其他展示设计）、动漫设计（主要通过漫画、动画结合故事情节的形式，以平面二维、三维动画、动画特效等相关表现手法，形成特有视觉艺术的创作模式，包括：动画设计、漫画设计、数字游戏设计、软件开发）三种类型（图4-3），其中：平面设计类企业占比44.96%，数量为25599家；展示设计类企业占比28.36%，数量为16143家；动漫设计企业占比26.68%，总数为15188家。

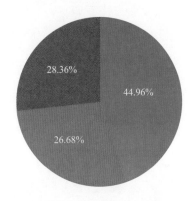

图4-3　北京市视觉传达设计类相关企业数量构成（截至2018年年底）
Fig 4-3　Number of visual communication design-related enterprises in Beijing（as of the end of 2018）

4.1.3 北京市产品设计类相关企业数量及其构成

截至2018年年底，北京市一共有产品设计类相关企业总计33192家，包括服装设计（运用各种服装知识、剪裁及缝纫技巧等，考虑艺术及经济等因素，按照穿着需求对服装款式进行设计的行为，包括：休闲服装设计、童装设计、制服设计、运动服装设计、内衣设计）、工业设计（对工业产品的功能、结构、形态及包装等进行整合优化的创新活动，其核心是指对批量化工业产品的设计，包括：交通运输设备设计、电子及通信设备设计、工业装备设计、医疗器械设计、仪器仪表设计、家用电器设计、建材设计、家具设计、玩具设计、文化用品设计、体育器材设计）、时尚设计（对包括衣着打扮、饮食、行为、居住、消费、情感表达与思考方式等，为社会大众所崇尚和仿效的生活样式等的设计活动，包括：高级成衣设计、时装设计、高级定制服设计、服饰设计、时尚箱包设计、装饰及流行物品设计、时尚鞋靴设计、珠宝首饰及有关物品设计）、工艺美术设计（对于以美术技巧制成的各种与实用相结合并有欣赏价值的工艺品的设计活动，包括：雕塑工艺品设计、金属工艺品设计、漆器工艺品设计、花画工艺品设计、天然植物纤维编织工艺品设计、抽纱刺绣工艺品设计、地毯、挂毯设计、其他工艺美术品设计）、集成电路设计（根据电路功能和性能的要求，在正确选择系统配置、电路形式、器件结构、工艺方案和设计规则的情况下，尽量减小芯片面积，降低设计成本，缩短设计周期，设计出满足要求的集成电路的活动）五种类型（图4-4）。其中：服装设计类企业占比57.28%，数量为19015家；工业设计类企业占比24.33%，数量为8075家；时尚设计类企业占比15.87%，总数为5267家；工艺美术设计类企业占比1.98%，总数为657家；集成电路设计类企业占比0.54%，总数为178家。

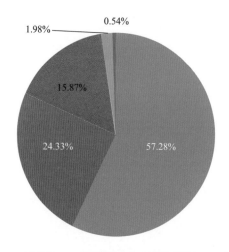

■服装设计　■工业设计　■时尚设计　■工艺美术设计　■集成电路设计

图4-4　北京市产品设计类相关企业数量构成（截至2018年年底）

Fig 4-4　Number of product design-related enterprises in Beijing（as of the end of 2018）

4.2 北京市设计产业相关企业规模分析

企业的投资规模是指一定时期内的企业投资水平，即投资总额，投资规模是以一定时期或者特定环境下企业内部条件为前提的——由于企业的经济环境和企业自身条件处在不断变动之中，因而不同时期企业的投资规模也是存在一定的差别的。因此，企业的投资规模可以用绝对值即投资的存量规模反映，也可以用相对值即投资的增量规模来反映，本书以企业的初始存量投资额进行分析。

为了便于说明设计行业相关企业的规模情况，将其划分为微型企业（投资额低于100万元人民币）、小型企业（投资额介于100万～500万元人民币）、中型企业（投资额介于500万～1000万元人民币）、大型企业（投资额介于1000万～5000万元人民币）、特大型企业（投资额5000万元人民币以上）5个档次进行分析，北京市设计行业相关企业的规模结构如图4-5所示。

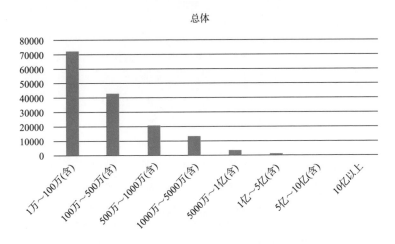

图4-5 北京市设计行业相关企业的规模结构
Fig 4-5 Scale structure of enterprises related to design industry in Beijing

近年来，北京市开展实施"设计百强企业"计划，支持一批成长空间大的优秀设计企业，将其培育成为自主创新能力强、具有较强国际影响力以及竞争力的大型龙头品牌设计企业。与此同时，北京市并不盲目追求企业规模，在支持重点设计企业做大做强的同时扶持中小型设计企业做专做精，努力解决中小设计企业面临的突出问题和困难，加大力度扶持各类中小型设计企业创新发展，改善中小型设计企业的生存和发展环境，帮助其加强专业服务能力建设并努力开拓国内外市场，培育一大批"专、精、特、新"并具有较强竞争力的小企业。从图4-5中可以看出：投资规模在1万～100万元的微型设计企业数量为72644户，投资规模在100万～500万元的小型企业数量为43035户，投资规模在500万～1000万元的中型企业数量为21306户，投资规模在1000万～5000万元的大型企业数量为13646户。总体来看，企业规模与企业数量之间存在着正相关关系。

4.2.1 建筑与环境设计类企业规模分析

通过北京市建筑与环境设计类企业的规模结构（图4-6）可知，在建筑与环境设计类企业中，微型企业、小型企业、中型企业数量依次排在前三位，占其总量的85%以上。而投资额在1000万元以上的大型和特大型企业数量在建筑与环境设计类企业总量中占比（14.20%）不足二成。

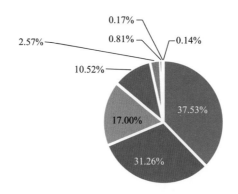

图4-6 北京市建筑与环境设计类企业的规模结构
Fig 4-6 Scale structure of Beijing architectural and environmental design enterprises

4.2.2 视觉传达设计类企业规模分析

通过北京市视觉传达设计类企业的规模结构（图4-7）可知，在视觉传达设计类企业中，微型企业、小型企业、中型企业数量同样依次排在前三位，占其总量的89%以上。而投资额在1000万元以上的大型和特大型企业数量在视觉传达设计类企业总量中占比（10.13%）接近一成，比例低于建筑与环境设计类企业约4.07个百分点。

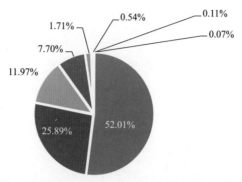

图4-7 北京市视觉传达设计类企业的规模结构
Fig 4-7 Scale structure of visual communication design enterprises in Beijing

4.2.3 产品设计类企业规模分析

通过北京市产品设计类企业的规模结构（图4-8）可知，在产品设计类企业中，数量依次排在前三位的同样分别是微型企业、小型企业、中型企业，占其总量的91%以上。而投资额在1000万元以上的大型和特大型企业数量在产品设计类企业总量中占比（8.82%）略低于一成，比例低于建筑与环境设计类企业约5.38个百分点。

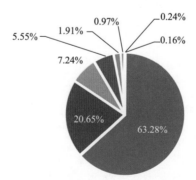

图4-8 北京市产品设计类企业的规模结构
Fig 4-8 Scale structure of product design enterprises in Beijing

4.2.4 其他类型设计企业规模分析

通过北京市其他类型设计企业的规模结构（图4-9）可知，与前三类设计企业规模类似，在其他类型设计企业中数量依次排在前三位的同样是微型企业、小型企业、中型企业，占其总量的84%以上。而投资额在1000万元以上的大型和特大型企业数量在其他类型设计企业总量中占比15.43%，相当于建筑与环境设计类企业规模的结构比例。

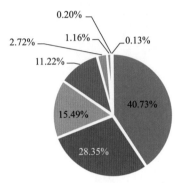

图4-9 北京市其他类型设计企业的规模结构
Fig 4-9 Scale structure of other types of design enterprises in Beijing

4.3 北京市设计类相关企业的行业结构分析

当前，北京市已经进入转变经济发展方式、建设创新型城市的攻坚阶段。作为全国设计产业资源最丰富、规模最大、发展最成熟的城市，北京市已经形成了门类齐全的设计行业体系，包括建筑设计、规划设计、工业设计、时尚设计等优势行业协同发展并持续优化。从图4-10中可以看出，目前北京市的设计类产业涵盖建筑业、租赁和商务服务业、科学研究和技术服务业、批发和零售业、文化体育和娱乐业、信息传输以及软件和信息服务业、制造业7个行业。其中数量排在前三位的依次是：建筑行业中的设计类企业（近6万户）、租赁和商务服务业（近4万户）、科学研究与技术服务业（近3万户），批发和零售业等其余4个行业中的设计类企业数量均在2万户以下。

4.3.1 北京市建筑与环境设计企业的行业结构分析

图4-11显示，北京市建筑与环境设计类企业的行业结构相对单一，仅涵盖建

筑业、科学研究和技术服务业两个行业，其中：科学研究和技术服务业的数量最多，占比接近四分之三（72.40%）；建筑业中的设计企业占比约为四分之一。

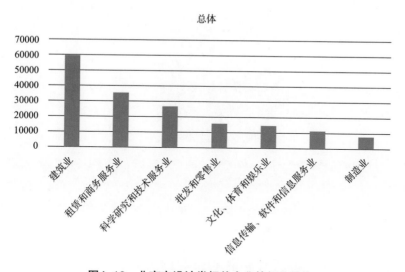

图4-10 北京市设计类相关企业的行业结构
Fig 4-10 Industry structure of design-related enterprises in Beijing

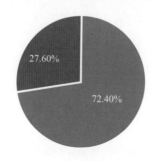

■ 建筑业 ■ 科学研究和技术服务业

图4-11 北京市建筑与环境设计企业的行业结构
Fig 4-11 Industry structure of architectural and environmental design enterprises in Beijing

4.3.2 北京市视觉传达设计企业的行业结构分析

与建筑与环境设计企业相对单一的行业结构相比，视觉传达设计企业的行业结构相对多元化，涵盖租赁和商务服务业，文化、体育和娱乐业，信息传输以及软件和信息技术服务业，科学研究和技术服务业，制造业5种行业。从其数量比例来看，租赁和商务服务业居首，占比超过一半（53.98%）；文化体育和娱乐业、信息传输以及软件和信息服务业占比分别为25.61%和20.03%，两者数量相当；科学研究和技术服务业、制造业占比均不足1%，二者数量最少（图4-12）。

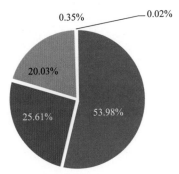

图4-12 北京市视觉传达设计企业的行业结构
Fig 4-12 Industry structure of visual communication design enterprises in Beijing

4.3.3 北京市产品设计企业的行业结构分析

与视觉传达设计企业呈现的多元化行业结构类似，北京市产品设计类相关企业的行业结构同样涵盖5种类型：批发和零售业、制造业、租赁和商务服务业、科学研究和技术服务业、信息传输以及软件和信息技术服务业。从各行业所占比例来看，批发和零售业占比接近一半（47.98%），制造业接近四分之一（23.98%），租赁和商务服务业、科学研究和技术服务业各占一成多（14.71%和12.90%），信息传输以及软件和信息服务业最少，占比不足1%（图4-13）。

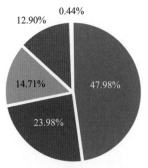

图4-13 北京市产品设计企业的行业结构
Fig 4-13 Industry structure of product design enterprises in Beijing

4.3.4　北京市其他类型设计企业的行业结构分析

在总数2.2万多户的其他类型设计企业中，文化、体育和娱乐业企业数量相对较多（45.46%），科学研究和技术服务业企业占比35.17%，租赁和商务服务业企业占19.36%，与前述建筑与环境设计、视觉传达设计、产品设计类企业的行业结构比较，其他类型设计企业的行业结构相对均衡（图4-14）。

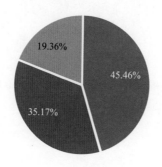

■ 文化、体育和娱乐业　　■ 科学研究和技术服务业　　■ 租赁和商务服务业

图4-14　北京市其他类型设计企业的行业结构
Fig 4-14　Industry structure of other design enterprises in Beijing

4.4　北京市设计产业相关企业资本来源分析

依据国家标准化管理委员会发布的2017年第四次修订的《国民经济行业分类（GB/T 4754—2017）》标准，采用经济活动的同质性原则划分国民经济行业，即每一个行业类别按照同一种经济活动的性质划分。在此基础上，根据联合国《所有经济活动的国际标准产业分类（ISIC Rev. 4）》，以产业活动单位和法人作为划分行业的基本单位，本书据此分析北京市设计产业的资本来源情况。

在相关政策引导下，近年来北京市不断加大财政资金对设计类相关产业的支持力度，采取贷款贴息、无偿资助、股权投入、后补贴等方式，发挥财政资金的杠杆作用，引导社会资金投入设计产业。图4-15显示了北京市设计产业的资本来源包括租赁和商业服务业等近20个细分行业，其中租赁和商业服务业、科学研究和技术服务业、文化体育和娱乐业为主要资本来源，三者占比接近全部产业的三分之二（66.15%），源于批发和零售业等其他行业的资本占比略高于三分之一（33.85%）。

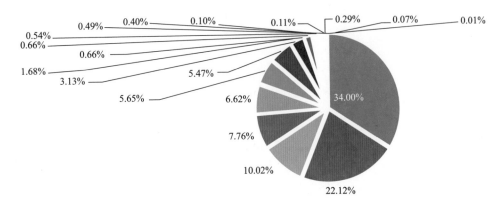

图4-15 北京市设计产业相关企业资本来源
Fig 4-15 Capital sources of Beijing's design industry related enterprises

4.4.1 北京市建筑与环境设计类企业的资本来源

从资本来源看（图4-16），北京市建筑与环境设计类企业的资本来源渠道主要包括：租赁和商务服务业（27.50%）、科学研究和技术服务业（24.83%），两者占比超过一半（52.33%），来自建筑业的资本（18.00%）位居第三，而源于批发和零售业、房地产业、制造业等行业的资本占比不足30%。

4.4.2 北京市视觉传达设计类企业的资本来源

从图4-17可以看出，北京市视觉传达设计企业的主要资本来源同建筑与环境设计企业的资本来源渠道相似，仍然有超过半数（58.76%）的资本来源于租赁和商务服务业（39.71%）、科学研究和技术服务业（19.05%）。略有不同的是，资本来源行业排在第三位的是文化体育和娱乐业（17.04%），和前述二者一起，三者累计占比为75.80%，来源于信息传输以及软件和信息技术服务业、批发和零售业、金融业等行业的资本占比不足四分之一。

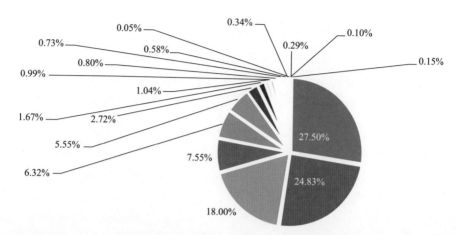

0.05%　0.34%　0.10%
0.73%　0.58%　0.29%　0.15%
0.80%
0.99%
1.04%
1.67%　2.72%
5.55%
6.32%
7.55%
27.50%
24.83%
18.00%

■ 租赁和商务服务业　■ 科学研究和技术服务业　■ 建筑业　■ 批发和零售业　■ 房地产业　■ 制造业
■ 文化、体育和娱乐业　■ 信息传输、软件和信息技术服务业　■ 水利、环境和公共设施管理业　■ 农、林、牧、渔业0.99%
■ 居民服务、修理和其他服务业0.80%　■ 电力、热力、燃气及水生产和供应业0.73%　■ 金融业0.58%
■ 交通运输、仓储和邮政业0.34%　■ 采矿业0.29%　■ 住宿和餐饮业0.15%　■ 未分类0.10%　■ 卫生和社会工作0.05%

图4-16　北京市建筑与环境设计类企业的资本来源
Fig 4-16　Capital sources of architectural and environmental design enterprises in Beijing

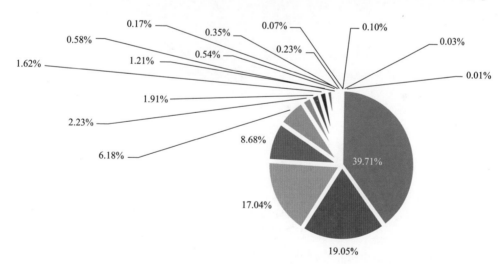

0.17%　0.07%　0.10%
0.58%　0.35%　0.23%　0.03%
1.62%　0.54%
1.21%　0.01%
1.91%
2.23%
6.18%
8.68%
39.71%
17.04%
19.05%

■ 租赁和商务服务业　■ 科学研究和技术服务业　■ 文化、体育和娱乐业
■ 信息传输、软件和信息技术服务业　■ 批发和零售业　■ 金融业　■ 制造业
■ 房地产业　■ 建筑业　■ 交通运输、仓储和邮政业0.58%　■ 居民服务、修理和其他服务业0.54%
■ 住宿和餐饮业0.17%　■ 农、林、牧、渔业0.35%　■ 水利、环境和公共设施管理业0.23%
■ 电力、热力、燃气和水生产和供应业0.07%　■ 未分类0.10%　■ 卫生和社会工作0.03%　■ 教育0.01%

图4-17　北京市视觉传达设计类企业的资本来源
Fig 4-17　Capital sources of visual communication design enterprises in Beijing

4.4.3 北京市产品设计类企业的资本来源

与建筑与环境设计类、视觉传达类设计企业的主要资本来源渠道相同，北京市产品设计类企业的主要资本来源渠道（图4-18）同样是租赁和商务服务业（29.89%）、科学研究和技术服务业（25.47%），并且二者累积比重相对更高（55.36%）。排在产品设计企业资本来源渠道第三位的是制造业（15.37%），前述三者累计占比达到70.73%，而来源于批发和零售业、文化体育与娱乐业、信息传输以及软件和信息技术服务业等行业的资本占比同样不足30%。

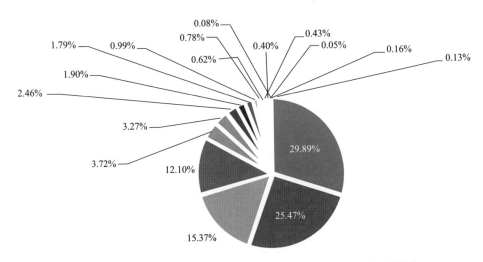

图4-18 北京市产品设计类企业的资本来源
Fig 4-18 Capital sources of product design enterprises in Beijing

4.4.4 北京市其他设计类企业的资本来源

图4-19显示了北京市其他类型设计企业的主要资本来源，其渠道与建筑与环境设计类、视觉传达设计类、产品设计类相同，租赁和商务服务业（55.39%）、科学研究和技术服务业（16.82%）、文化体育和娱乐业（9.76%）依次排在前三位，三者合计占比已经超过总量的八成（81.91%），而来源于信息传输以及软件和信息技术服务业、金融业、批发和零售业等行业的资本占比不足二成。

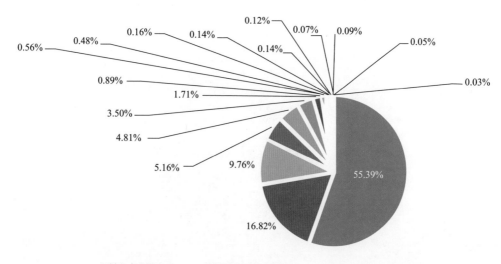

图4-19　北京市其他设计类企业的资本来源
Fig 4-19　Capital sources of other design enterprises in Beijing

4.5　北京市设计产业相关企业投资去向分析

投资去向是指一定时期内企业资本在不同国民经济部门和不同用途之间的分配情况，它决定国民经济各部门各类生产性建设投资和非生产性建设投资的发展速度。科学合理地确定设计产业的投资方向，对于调整和改善设计产业资本在各行业中的比例关系、调整设计产业生产和消费的比例关系具有重要作用。与资本来源不同的是，通过投资去向能够从纵向了解设计产业中各个行业的分配构成，有助于协调解决区域设计产业发展的平衡关系并发挥各自的资源优势等。

从图4-20可以看出，北京市设计产业相关企业在各类行业中的投资去向与其主要资本来源基本一致：科学研究与技术服务业（23.73%）、租赁和商务服务业（19.68%）、文化体育与娱乐业（11.06%）依次位居前三位，三者的累计占比超过一半（54.47%）。同样，投资到批发和零售业等其他行业者不足半数。

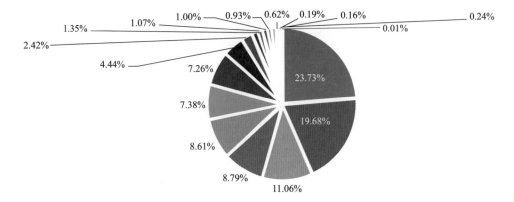

科学研究和技术服务业　　▪ 租赁和商务服务业　　▪ 文化、体育和娱乐业　　▪ 批发和零售业

建筑业　　▪ 制造业　　▪ 信息传输、软件和信息技术服务业　　▪ 房地产业　　▪ 金融业

▪ 居民服务、修理和其他服务业1.35%　　▪ 住宿和餐饮业1.07%　　▪ 水利、环境和公共设施管理业1.00%

▪ 电力、热力、燃气及水生产和供应业0.93%　　▪ 交通运输、仓储和邮政业0.62%　　▪ 农、林、牧、渔业0.24%

▪ 卫生和社会工作0.19%　　▪ 采矿业0.16%　　▪ 未分类0.01%

图4-20　北京市设计产业相关企业投资去向
Fig 4-20　Investment orientations of design industry related enterprises in Beijing

4.5.1　北京市建筑与环境设计类相关企业投资去向分析

从图4-21中可以看出北京市建筑与环境设计类企业的投资去向相对集中，主要包括：科学研究和技术服务业（23.29%）、建筑业（21.87%）、租赁和商务服务业（16.09%），三者占比超过六成（61.25%），而投入房地产业、批发和零售业、制造业等行业的资本占比不足四成（38.75%）。

4.5.2　北京市视觉传达设计类相关企业投资去向分析

图4-22显示，北京市视觉传达设计企业的投资去向与其资本来源的主要渠道基本一致，排在前三位的分别是租赁和商务服务业（25.65%）、文化体育和娱乐业（22.75%）、科学研究和技术服务业（22.25%），而投入信息传输以及软件和信息技术业、批发和零售业、金融业等行业的资本占比不足30%。

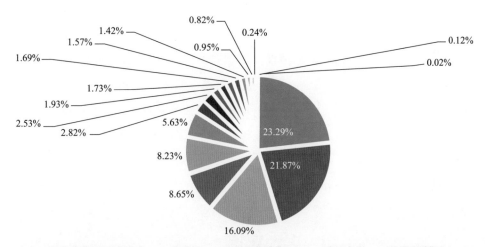

图4-21 北京市建筑与环境设计类相关企业投资去向
Fig 4-21 Investment orientations of architectural and environmental design related enterprises in Beijing

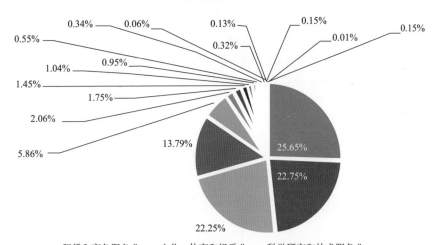

图4-22 北京市视觉传达设计类相关企业投资去向
Fig 4-22 Investment orientations of visual communication design related enterprises in Beijing

4.5.3 北京市产品设计类相关企业投资去向分析

从图4-23中可以看出，北京市设计类相关企业资本投入科学研究与技术服务业（26.84%）、制造业（20.36%）、批发和零售业（14.66%）中的企业占该类企业总量的比重超过六成（61.87%），而租赁和商务服务业、信息传输以及软件和信息技术服务业、文化体育和娱乐业等占比低于四成（38.83%）。

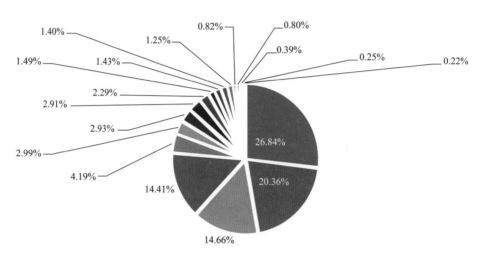

图4-23 北京市产品设计类相关企业投资去向
Fig 4-23　Investment orientations of product design related enterprises in Beijing

4.5.4 北京市其他设计企业投资去向分析

图4-24显示，在其他设计企业中有超过半数的企业（52.04%）选择在科学研究和技术服务业（26.78%）、租赁和商务服务业（25.26%）进行投资。投资去向行业排在第三位的是文化体育和娱乐业（19.14%），和前述二者一起三者累计占比达到71.18%，这表明了多数企业的投资去向相对集中。

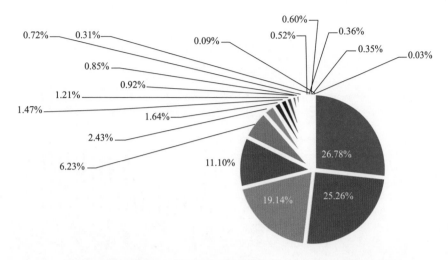

图4-24　北京市其他设计类型企业投资去向
Fig 4-24　Investment orientations of other design enterprises in Beijing

4.6　北京市设计产业相关企业发展趋势分析

设计产业作为文化、科技和经济深度融合发展的产物，凭借其独特的发展模式、产业价值链，以及具有广泛的产业渗透力、辐射力和影响力等特征，逐渐成为我国经济和现代产业发展的新动力。在此背景下，北京市不断加快首都设计产业发展建设，相关产业规模日趋扩大并表现出蓬勃的活力和巨大的发展潜力。从图4-25中可以看出，北京市设计产业大致经历了三个发展时期：

1978～1990年为缓慢增长期：初始阶段（1978～1983年）设计企业年均增长数量不足百户，企业总数不足500户；后期（1984～1990年）每年增加百户以上（114户），至1990年企业总数超过1000户（1137户）；

1991～2010年为稳定增长期：其中1991～1997年呈小幅波动态势，增长幅度相对较小，年均增长企业数仍低于1000户，总企业数达到5008户；1998～2010年企业数量快速增长，这一时期北京市每年新成立的设计企业数量由1067户迅速攀

企业数量(户)

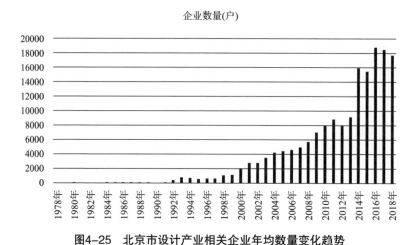

图4-25　北京市设计产业相关企业年均数量变化趋势
Fig 4-25　Trends in the annual average number of related enterprises in the design industry in Beijing

升至8089户，总数已经超过57000户；

2011年以来为波动增长期："十二五"时期，北京市大力实施科技创新与文化创新"双轮驱动"发展战略，加快建设中国特色社会主义先进文化之都，加快推动包括设计服务业在内的首都战略性新兴文化产业发展。"十二五"时期以来，北京进入了转变经济发展方式、建设创新型城市的攻坚阶段，因此这一时期北京市设计企业在产业结构调整过程中整体呈现波动增长态势，年均增长数量在万户以上，期末设计企业总量近20万户。

4.6.1　北京市建筑与环境设计类企业年均数量变化趋势分析

图4-26显示了北京市建筑与环境设计类企业年均数量增长趋势，其可以划分为缓慢增长期（1978～1991年）、稳定增长期（1992～2011年）和波动增长期（2012年以来）三个阶段，与全行业的整体发展趋势基本同步。

4.6.2　北京市视觉传达设计类企业年均数量变化趋势分析

与建筑与环境设计类及全行业的整体发展趋势类似，北京市视觉传达设计类企业年均数量增长趋势同样可以划分为缓慢增长期（1978～1991年）、稳定增长期（1992～2011年）和波动增长期（2012年以来）三个阶段，如图4-27所示。

企业数量(户)

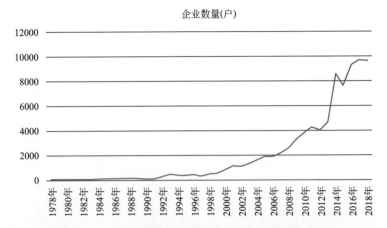

图4-26 北京市建筑与环境设计类企业年均数量变化趋势
Fig 4-26 Trends in the annual average number of architectural and environmental design enterprises in Beijing

企业数量(户)

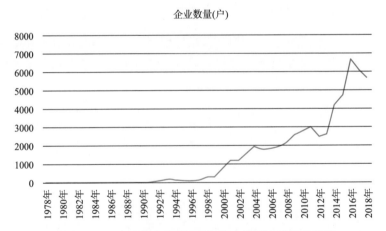

图4-27 北京市视觉传达设计类企业年均数量变化趋势
Fig 4-27 Trends in the annual average number of visual communication design enterprises in Beijing

4.6.3 北京市产品设计类企业年均数量变化趋势分析

与建筑与环境设计类、视觉传达设计类以及全行业的三阶段发展趋势不同的是，考察期内北京市产品设计类相关企业的年均增长数量呈现两阶段特征：首先是显著上升期（1978～2015年），年均增长数量在2015年达到3331户的峰值；然后是下降期，2016年以来年均数量增长已低于3000户，如图4-28所示。

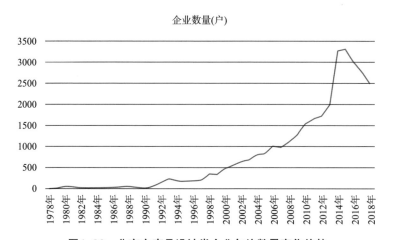

图4-28　北京市产品设计类企业年均数量变化趋势

Fig 4-28　Trends in the annual average number of product design enterprises in Beijing

4.6.4　北京市其他类型设计企业年均数量变化趋势分析

与产品设计类相关企业的年均增长趋势相同，考察期内北京市其他类型设计企业的年均增长数量也呈现两阶段特征：首先是显著上升期（1978～2014年），年均增长数量在2014年达到3379户的峰值；其次是下降期，2015年以来年均数量增长急剧下降，2018年年均增量更是下降到436户，如图4-29所示。

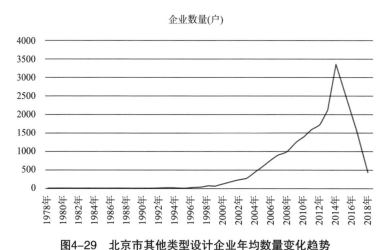

图4-29　北京市其他类型设计企业年均数量变化趋势

Fig 4-29　Trends in the annual average number of other types of design enterprises in Beijing

4.7　小结

截至2018年年底，北京市设计产业共有相关企业共计205521家，其中建筑与环境设计企业、视觉传达设计企业、产品设计企业和其他类型设计企业总数分别为92552（45.03%）、56930（27.70%）、33192（16.15%）、22847（11.12%）户。

北京市设计企业投资规模与企业数量呈负相关关系，投资规模在1万～100万元的微型设计企业数量为72644户，投资规模在100万～500万元的小型企业数量为43035户，投资规模在500万～1000万元的中型企业数量为21306户，投资规模在1000万～5000万元的大型企业数量为13646户。

北京市设计类产业涵盖建筑业、租赁和商务服务业、科学研究和技术服务业、批发和零售业、文化体育和娱乐业、信息传输以及软件和信息服务业、制造业7个行业，企业数量排在前三位的依次是：建筑行业（近6万户）、租赁和商务服务业（近4万户）、科学研究与技术服务业（近3万户）。

北京市设计产业的资本来源和投资去向包括租赁和商业服务业等近20个细分行业，其中租赁和商业服务业、科学研究和技术服务业、文化体育和娱乐业为主要资本来源和投资去向渠道，三者累积比例均占所有渠道的半数以上。

从企业数量的增长趋势来看，北京市设计产业大致经历了初期缓慢增长（20世纪70年代末～90年代初）、中期稳定增长（20世纪90年代初～21世纪10年代初）和后期波动增长（2010年以后）三个发展阶段。

5 北京市设计产业的空间格局及其演变特征分析

区位选择是一切社会经济活动得以顺利开展的前提和基本保障，对于设计产业而言，一个区域的资源禀赋、人才与技术因素、市场需求、政策与环境因素以及不同产业之间的相互关联等，都是必须充分考量的关键因素。设计产业的空间布局是指设计产业在企业落地前如何考量其分布格局、落地后形成怎样的空间关联特征等——依据具体的空间布局形态，设计产业通过产业链的纵向联系及其与相关产业之间的横向联系，构成形态复杂的产业发展网络结构。

区位因子的合理组合使得企业成本和运费最小化，企业按照这样的思路将其生产经营场所置于生产和流通环节最节省的地点，从而形成产业集聚。设计产业的空间集聚是指设计产业在某个特定地理区域内高度集中、产业资本要素在空间范围内不断汇集到一处的过程，即在一个适当大的区域范围内，生产经营某种产品的若干个不同类型设计企业，以及为这些设计企业配套的上下游企业、相关服务业等行业共同聚集在一起的经济现象。

在前文对北京市设计产业发展现状及其发展趋势进行初步分析的基础上，本章利用ArcGIS空间自相关、点密度、标准差椭圆等多种方法对北京市设计产业数据进行可视化处理，以时空视角分析其空间布局及其时序演变特征，从而为掌握其演变过程、影响因素以及探讨产业发展策略奠定基础。

5.1 北京市设计产业相关企业的现状点密度分析

在国家和地方的重视和大力扶持下，北京市设计产业持续、稳定发展，逐渐形成全国资源最丰富、规模最大、发展最成熟、门类最齐全的设计行业体系。近年来，在我国经济发展方式转变、产业结构调整的大背景下，北京市不断优化设计产业布局，建筑设计、规划设计、工业设计、时尚设计等优势行业继续支撑并主导其设计产业发展，通过一系列政策措施积极鼓励和引导一批优势互补、特色鲜明、功能齐备的产业园区建设，从而推动设计产业的集群发展（图5-1）。当前，北京市积极打造位于西城区的核心设计企业示范区、海淀区的集成电路设计和电子产品设计产业区、东城区的工艺美术设计产业区、朝阳区的时尚艺术展示与设计产业区；同时，远郊区的相关设计产业也呈现蓬勃发展态势——顺义区的汽车设计产业区、石景山区的动漫游戏设计和工程设计产业区、昌平区的现代装备设计产业区、大兴区的工业设计产业区、通州区的体育休闲设计产业区等组团发展，通过一系列政策引导促使相关产业形成空间集聚效应。

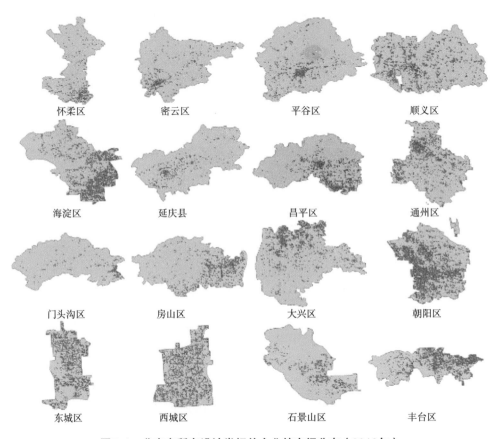

图5-1　北京市所有设计类相关企业的空间分布（2018年）
Fig 5-1　Spatial distribution of all design-related enterprises in Beijing（2018）
审图号：京S（2023）001号

　　图5-2（a）显示的是北京市各区设计产业相关企业的总量情况，可以看出：朝阳区以4.89万户位居第一位，排在第二位的是海淀区（2.40万户），数量接近的丰台区（1.70万户）和通州区（1.69万户）分别排在第三和第四位。此外，设计企业总量超过1万户的还有怀柔区（1.15万户）、密云区（1.14万户）、房山

区（1.14万户）、大兴区（1.09万户）和昌平区（1.05万户）；顺义区（0.82万户）、东城区（0.80万户）、平谷区（0.72万户）、西城区（0.71万户）、门头沟区（0.61万户）和石景山区（0.42万户）设计企业总量在0.4万～1.0万，而排在最后的延庆区设计企业数量尚不足0.22万户。

从各区设计企业的分布密度来看，图5-2（b）显示北京市东城区等6个主城区排在前列，东城区（191.5户/km²）、西城区（138.3户/km²）和朝阳区（103.7户/km²）密度在100户/km²以上，丰台区（56.0户/km²）、海淀区（55.6户/km²）、石景山区（49.3户/km²）密度接近50户/km²；而作为北京市副中心的通州区，设计企业密度为18.7户/km²，排名紧随东城区等6个主城区之后排在第七位，而大兴等其他远郊区的设计企业密度处于1万～10万户/km²。

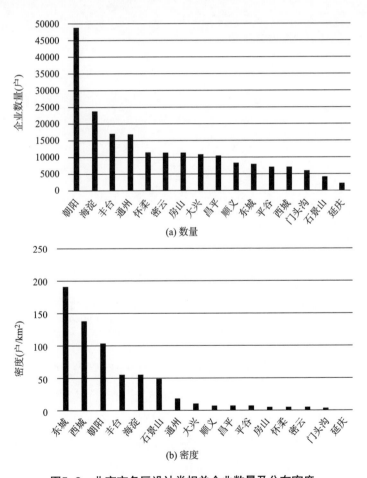

(a) 数量

(b) 密度

图5-2　北京市各区设计类相关企业数量及分布密度
Fig 5-2　Number and distribution density of design-related enterprises in various districts of Beijing

5.1.1 北京市建筑与环境设计企业的空间布局

就建筑与环境设计企业而言，截至2018年年底，北京市的所有建筑与环境设计类设计企业的数量已经接近10万户，从图5-3可以看出其主要分布特征与整个设计类产业的分布特征接近——以主城区为中心向外围辐射。

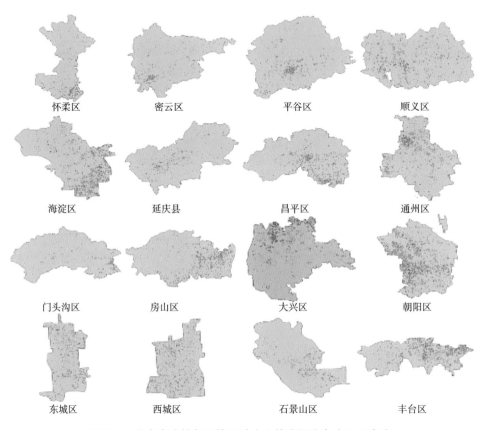

怀柔区　　　　密云区　　　　平谷区　　　　顺义区

海淀区　　　　延庆县　　　　昌平区　　　　通州区

门头沟区　　　房山区　　　　大兴区　　　　朝阳区

东城区　　　　西城区　　　　石景山区　　　丰台区

图5-3　北京市建筑与环境设计企业的空间分布（2018年）
Fig 5-3　Spatial distribution of architectural and environmental
design enterprises in Beijing（2018）

图5-4（a）显示的是北京市各区建筑与环境设计类企业的数量分布情况，可以看出：朝阳区以1.35万户总量位居第一位，数量相近的通州区（0.84万户）、怀柔区（0.83万户）、密云区（0.82万户）分别排在第二到第四位；分别作为主城区之一的丰台区（0.73万户）、海淀区（0.69万户）位居第六和第七位，排在第五位的房山区（0.78万户）之后；同样，作为主城区的西城区（0.21万户）、东城区（0.19万户）和石景山区（0.17万户）则落在第13～15位，设计企业总量

低于排在第8~12位的昌平区（0.57万户）、大兴区（0.53万户）、顺义区（0.49万户）、平谷区（0.47万户）和门头沟区（0.43万户），仅高于远郊的延庆区（0.16万户）。

从各区建筑与环境设计企业的分布密度来看，图5-4（b）显示的是东城区（44.3户/km²）、西城区（41.8户/km²）、朝阳区（28.8户/km²）、丰台区（24.0户/km²）、石景山区（19.7户/km²）、海淀区（16.0户/km²）6主城区排在北京市该类企业密度的前列；同样，作为北京市副中心的通州区紧随其后，排在第七位，该类企业密度达到9.2户/km²；而大兴等远郊区的建筑与环境设计企业密度处于0.8万~5.1万户/km²。

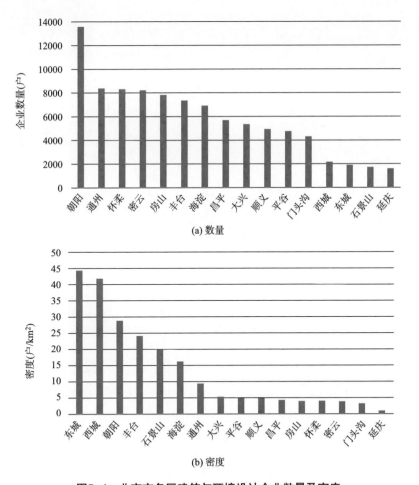

(a) 数量

(b) 密度

图5-4　北京市各区建筑与环境设计企业数量及密度
Fig 5-4　Number and density of architectural and environmental design enterprises in various districts of Beijing

5.1.2　北京市视觉传达设计企业的空间布局

截至2018年年底，北京市所有视觉传达设计类设计企业的数量接近5.7万户，图5-5显示其空间分布特征同样呈现以主城区为中心的辐射状。

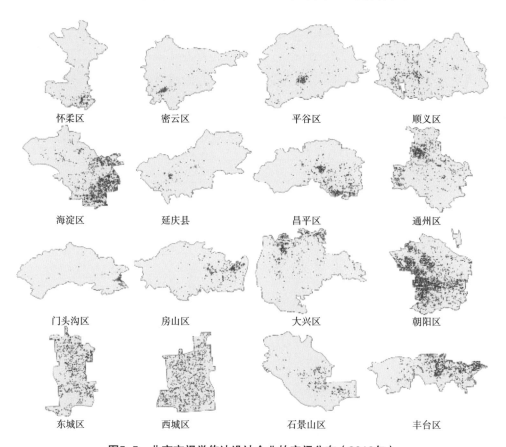

怀柔区　　密云区　　平谷区　　顺义区

海淀区　　延庆县　　昌平区　　通州区

门头沟区　　房山区　　大兴区　　朝阳区

东城区　　西城区　　石景山区　　丰台区

图5-5　北京市视觉传达设计企业的空间分布（2018年）
Fig 5-5　Spatial distribution of visual communication design enterprises in Beijing（2018）

图5-6（a）显示的是北京市各区视觉传达设计类企业的数量分布情况，可以看出：朝阳区以1.75万户总量位居第一位，海淀区（0.87万户）位居次席，通州区（0.54万户）和丰台区（0.44万户）分别排在第三和第四位；数量在2000户左右的西城区（0.27万户）、昌平区（0.0.23万户）、东城区（0.23万户）、怀柔区（0.22万户）和房山区（0.20万户）分列第五至第九位；数量在1000户左右的密云区（0.19万户）、大兴区（0.18万户）、顺义区（0.17万户）、平谷区（0.13万户）、石景山区（0.13万户）和门头沟区（0.10万户）分列第十至十五位。

从各区视觉传达类设计企业的分布密度来看，图5-6（b）显示的是东城区（55.5户/km²）、西城区（52.3户/km²）、朝阳区（37.2户/km²）、海淀区（20.3户/km²）、石景山区（14.7户/km²）、丰台区（14.4户/km²）6主城区分列北京市该类企业密度的第一至六位；同建筑与环境设计类相似，作为北京市副中心的通州区视觉传达企业密度紧随6个主城区之后，排在第七位，密度为6.0户/km²；而昌平等远郊区的视觉传达设计企业密度处于0.2万～1.7万户/km²，彼此差距较小。

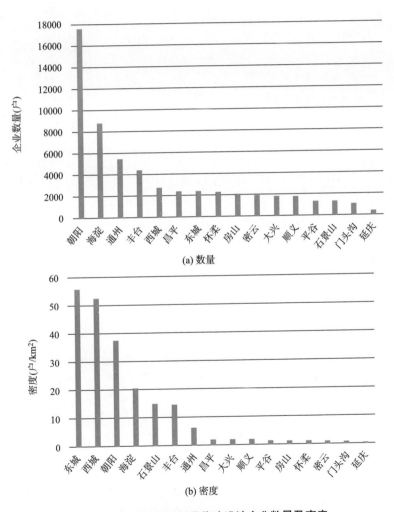

图5-6 北京市各区视觉传达设计企业数量及密度

Fig 5-6 Number and density of visual communication design enterprises in various districts of Beijing

5.1.3 北京市产品设计企业的空间布局

截至2018年年底，北京市的产品设计类企业数量接近3.3万户，图5-7显示的是该类企业的空间分布情况，其特征与前述各类基本一致。

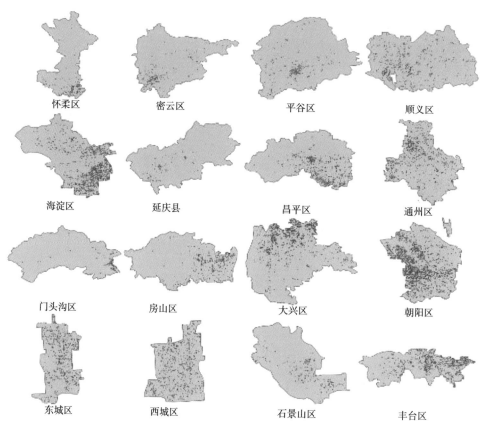

怀柔区　　密云区　　平谷区　　顺义区

海淀区　　延庆县　　昌平区　　通州区

门头沟区　　房山区　　大兴区　　朝阳区

东城区　　西城区　　石景山区　　丰台区

图5-7　北京市产品设计企业的空间分布（2018年）
Fig 5-7　Spatial distribution of product design enterprises in Beijing（2018）

图5-8（a）显示了北京市各区产品设计类企业的数量分布情况，可以看出：朝阳区以0.84万户总量依然排在第一位，数量相近的海淀区（0.40万户）和通州区（0.40万户）分别排在第二到第三位；数量介于0.2万~0.3万户的大兴区（0.29万户）、东城区（0.27万户）、通州区（0.20万户）分列第四至第六位；而数量介于0.1万~0.2万户的昌平区（0.18万户）、西城区（0.15万户）、顺义区（0.12万户）和房山区（0.11万户）排在第七至十位，数量不足0.1万户的平谷区、密云区、石景山区、怀柔区、门头沟区和延庆区排在第十一至十

六位。

图5-8（b）显示了北京市16区的产品设计企业分布密度，从图中可以看出东城区（63.5户/km²）、西城区（28.4户/km²）、朝阳区（17.9户/km²）、丰台区（13.1户/km²）、海淀区（9.2户/km²）和石景山区（6.5户/km²）6个主城区依然排在北京市同类企业密度的前列；大兴区则紧随其后排在第7位，该类企业的密度达到2.9户/km²，而北京市副中心通州区（2.2户/km²）排在第八位；昌平等远郊区的建筑与环境设计企业密度处于0.1万～1.4万户/km²，彼此间差距很小。

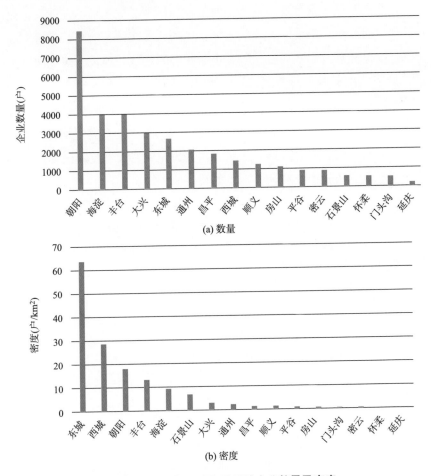

图5-8 北京市各区产品设计企业数量及密度
Fig 5-8 Number and density of product design enterprises in various districts of Beijing

5.1.4 北京市设计企业空间方向分布

如表5-1和图5-9所示，北京市设计类企业椭圆、二次椭圆在重心和方位上均呈现出明显的相似性和差异性。四类企业的二次椭圆均分布在东城区和西城区及其附近,椭圆则分布在市六区(东城区、西城区、朝阳区、海淀区、丰台区、石景山区)及其附近。在四类企业中,其他设计类和视觉传达类企业椭圆和二次椭圆面积都分别是最大的和最小的,说明其他设计类企业拥有最大的空间分布范围,而视觉传达类企业的分布范围最小。二次椭圆面积与椭圆面积之比最大的和最小的分别是其他设计类(32.780%)和产品设计类(26.156%),说明其他设计类企业具有高度集聚的核心集聚区,产品设计类企业的核心区集聚效应最不突出。四类企业椭圆都大致呈现出东北—西南方向。除了视觉传达设计类企业的二次椭圆呈现出西北—东南走向,其他三类企业的二次椭圆方向与其椭圆方向保持一致。就标准差椭圆的形状而言,四类企业的椭圆都比较狭长,而二次椭圆都相对扁平,说明二次椭圆更具有紧凑性。四类企业的标准差椭圆重心都位于东城区,二次椭圆重心都位于朝阳区,且二次椭圆重心均位于椭圆重心的西南方向,视觉传达设计类企业两个重心之间的距离为3.849km,其余三类均超过7km,说明四类企业分布的核心集聚区具有空间收缩密集化的特征,反映出集聚效应在北京市设计类企业空间分布中具有重要的影响。

表5-1 标准差椭圆和二次椭圆的基本参数值

Tab 5-1 Basic parameter values of standard deviational ellipses and quadratic ellipses

产业类型	椭圆类型	面积/km²	沿x轴标准差/km	沿y轴标准差/km	方位角/(°)	重心坐标
产品设计类	椭圆	2562.203	22.045	36.998	41.141	(116.455, 39.977)
	二次椭圆	752.697	14.019	17.092	38.433	(116.403, 39.922)
建筑与环境设计类	椭圆	2767.104	22.757	38.708	43.695	(116.450, 39.985)
	二次椭圆	769.873	18.207	13.460	55.312	(116.391, 39.929)
视觉传达设计类	椭圆	1641.431	19.069	27.401	41.623	(116.427, 39.974)
	二次椭圆	429.327	12.794	10.682	101.117	(116.397, 39.949)
其他设计类	椭圆	3110.439	26.094	37.945	43.405	(116.458, 39.968)
	二次椭圆	1019.699	20.719	15.667	59.556	(116.404, 39.916)

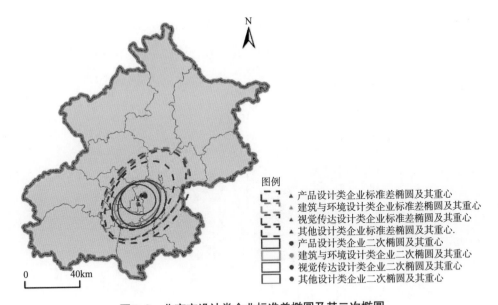

图5-9 北京市设计类企业标准差椭圆及其二次椭圆
Fig 5-9 Standard deviational ellipses and quadratic ellipses of design enterprises in Beijing

5.2 北京市设计产业空间格局的时序演变过程分析

分析产业布局的空间分布特征及其时空格局演变发展特征，是促进区域协调发展、完善产业结构调整的前提，因此深刻把握北京市设计产业变迁的时空规律与发展趋势，以及区域间产业分布的差异，对因地制宜地制订设计产业政策、推动设计产业结构调整等均具有重要的理论和现实意义。

图5-10依次显示了1988年、1998年、2008年、2018年北京市设计企业的空间分布情况，整体来看具备"起步—集聚—辐射—连片"的时序演变特征，集聚发展的趋势是随着时间推移而逐步演进的。具体来看，1978年以来北京市设计产业发展可以划分为四个阶段：①低水平均衡阶段：这一阶段设计企业在空间上呈现零散分布特征，设计产业的生产、流通和消费等各个环节关联有限，产业之间联系度很低，个别行业得到发展，设计产业体系尚未形成；②极核发展阶段：在这一阶段，发展条件较好的设计产业率先崛起，在产业自身发展壮大的同时带动关联产业发展，设计产业门类逐渐增多，产业链条初步形成，空间上开始形成多点集聚特征；③扩散阶段：通过不同行业之间的相互作用，设计产业的集聚发展模

式在这一阶段形成并对外产生辐射作用，空间形态更加复杂；④高水平均衡发展阶段：经过前期的扩散和辐射作用，外围设计产业得到发展，各个区域形成特色鲜明的产业类型，整个区域形成完备的设计产业体系，空间呈现网格化和多中心的集聚形态。

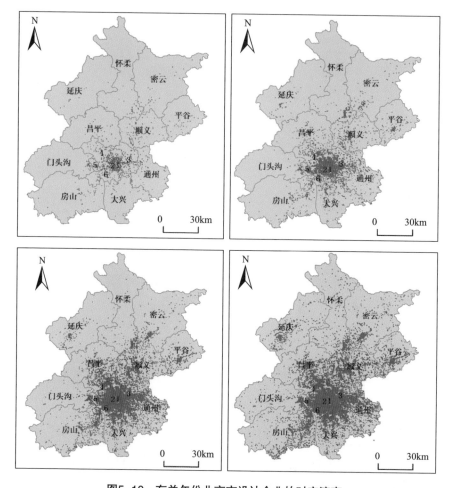

图5-10 有关年份北京市设计企业的时空演变

Fig 5-10 Spatial and temporal evolution of Beijing's design enterprises in relevant years

审图号：京S（2023）001号

图5-11显示的是考察期内分别位于首都6个主城区、副中心通州区以及大兴等远郊9区的设计企业密度的逐年变化情况。结合统计数据可以看出，北京市设计产业发展可以划分为兴起（1988年以前）、缓慢集聚（1989～1998年）、中速集聚（1999～2008年）和高速集聚（2009～2018年）4个阶段，在经历了初始阶

段的缓慢集聚之后，设计企业密度分别在1988年、1998年、2008年及2018年达到了0.06、0.40、3.03和12.49户/km²。从区域视角来看，北京市设计企业主要集聚在6个主城区，通州区的企业密度从1990年开始超过北京市平均水平，而其他远郊9区设计企业密度始终低于北京市均值。

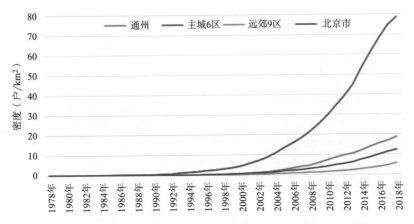

图5-11　北京市主城6区、通州、远郊9区设计企业密度增速折线图
Fig 5-11　Density line chart of design enterprises in Beijing, six districts of the main city, Tongzhou, and nine districts of the outer suburbs

5.2.1　北京市建筑与环境设计产业空间格局的演变过程

图5-12显示了1988年、1998年、2008年、2018年北京市建筑与环境设计企业的空间分布情况，可以看出其具有"起步—辐射—连片"的演变特征。

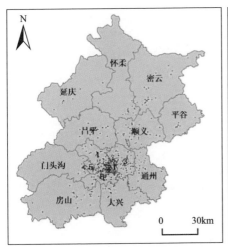
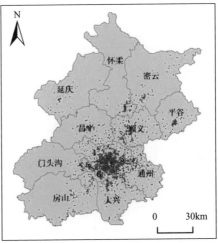

图5-12

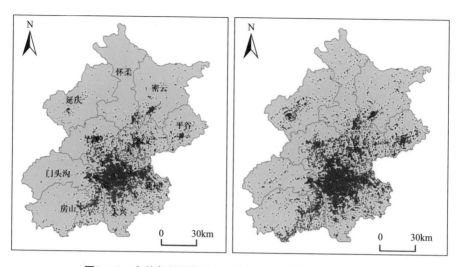

图5-12 有关年份北京市建筑与环境设计企业的时空演变

Fig 5-12 Spatial and temporal evolution of Beijing's architectural and environmental design enterprises in relevant years

图5-13显示的是考察期内分别位于首都6个主城区、副中心通州区以及大兴等远郊9区的建筑与环境设计企业密度的逐年变化情况。结合统计数据可以看出，北京市建筑与环境设计产业的发展同样可以按10年一个阶段划分为兴起阶段、缓慢增长阶段、中速增长阶段和高速增长阶段，在经历了初始阶段的缓慢集聚之后，设计企业密度分别在1988年、1998年、2008年及2018年达到了0.03、0.20、1.19和5.62户/km²。从区域视角来看，北京市建筑与环境设计企业同样集中在6个主城区，各时期此类企业的密度始终较高，2014年以来显现增速减缓迹象。

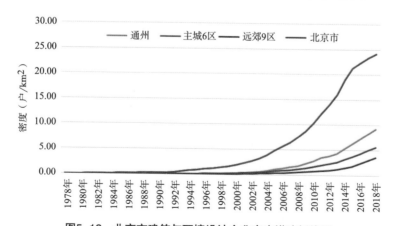

图5-13 北京市建筑与环境设计企业密度增速折线图

Fig 5-13 Density line chart of architectural and environmental design enterprises in Beijing

5.2.2　北京市视觉传达设计产业空间格局的演变过程

相比于建筑与环境设计企业，北京市的视觉传达设计企业兴起较晚，自1979年诞生第一家视觉传达设计企业之后，初期发展速度相对于建筑与环境设计类企业而言要缓慢一些。图5-14显示了北京市视觉传达设计企业在1988年、1998年、2008年、2018年的空间分布情况。

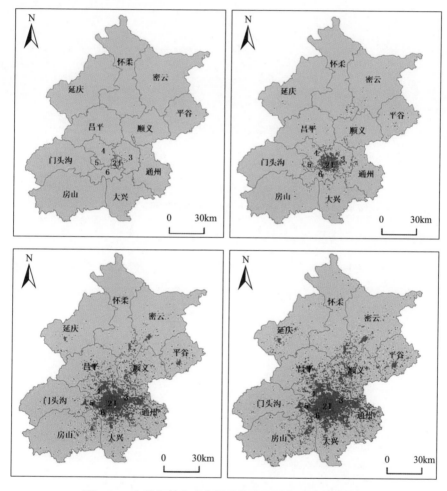

图5-14　有关年份北京市视觉传达设计企业的时空演变
Fig 5-14　Spatial and temporal evolution of Beijing's visual communication design enterprises in relevant years

结合统计结果及图5-15可以看出，与近年来建筑与环境设计类企业密度增速减缓的趋势不同，视觉传达企业的发展势头仍处于高速集聚阶段，2018年其密度已经达到3.46户/km²。整体来看，北京市视觉传达设计企业仍然集中在主城区和通州区发展（2018年两者密度分别为26.64户/km²和5.97户/km²），远郊9区该类企业的密度显著低于各时期北京市平均水平。

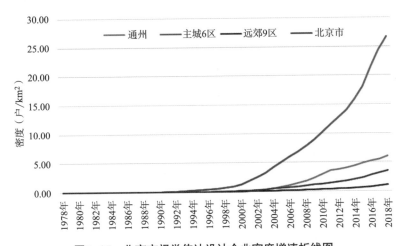

图5-15 北京市视觉传达设计企业密度增速折线图
Fig 5-15 Density line chart of visual communication design enterprises in Beijing

5.2.3 北京市产品设计产业空间格局的演变过程

与建筑与环境设计企业类似，北京市的产品设计企业兴起相对较早，初期发展速度相对较快。图5-16显示了1988年、1998年、2008年、2018年北京市产品设计企业的空间分布情况，整体而言具备"起步—集聚—辐射—连片"的演变特征。

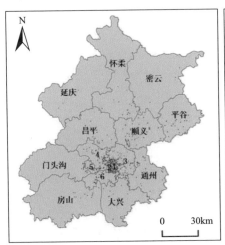
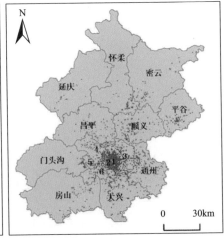

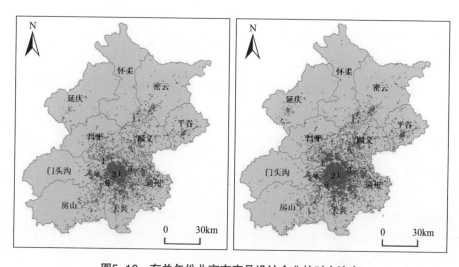

图5-16 有关年份北京市产品设计企业的时空演变
Fig 5-16 Spatial and temporal evolution of Beijing's product design enterprises in relevant years

从图5-17中可以看出,考察期内北京市产品设计企业密度相对低于建筑与环境设计类、视觉传达设计类企业,且主要集中在主城6区发展(2018年密度为15.50户/km²),通州区及远郊9区该类企业密度(2018年分别为2.24户/km²和2.02户/km²)相对较低。值得注意的是,2008年以来,通州区该类企业的集聚发展有减缓趋势,近年来其密度已经接近北京市平均水平。

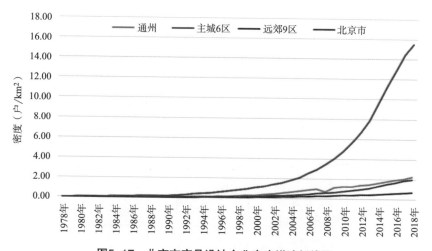

图5-17 北京市产品设计企业密度增速折线图
Fig 5-17 Density line chart of product design enterprises in Beijing

5.3 北京市设计产业空间集聚模式的核密度分析

5.3.1 北京市设计产业空间集聚整体特征

设计产业的布局是多种因素共同促进的结果，并且不同类型设计企业具有不同的空间需求和影响因素。因此，设计产业在地理空间并非均质分布，前述各类设施的密集程度高低决定了其空间分布的密度差异，在此基础上形成了整个设计产业差异化的空间集聚模式特征。

准确识别设计产业的空间集聚模式，对于判别完全城市化区域、城乡交错带和乡村地区范围具有重要的参考价值。空间自相关分析结果（图5-18）显示北京市设计产业呈现显著的空间正相关性和集聚特征（Moran's I=0.0708，Z=9.0842，P=0.0000）。具体来看，处于高水平均衡发展阶段的北京市设计类相关企业在空

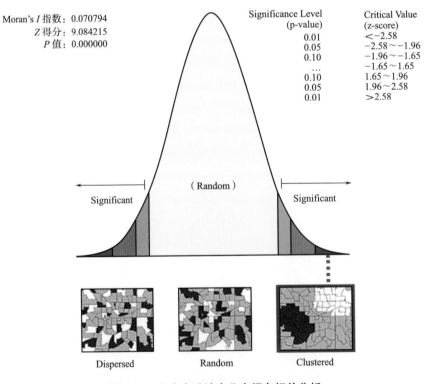

图5-18　北京市设计产业空间自相关分析
Fig 5-18　Spatial autocorrelation analysis of Beijing design industry

间上整体表现为"大集聚—小分散"特征，即"一核多区"的空间集聚发展模式："大集聚"的重点集聚区形成了"高度集中—区域块状核心""向心集聚—城市中心""中心—外围辐射形状"等发展模式，而"小分散"的一般集聚区形成了"点状均衡—各处分散""分类集中—按类分散""带状集中—条带形式"等发展模式。

图5-19显示，包括东城、西城、朝阳、海淀、石景山和丰台在内的6个主城区是北京市设计产业的重点集聚区，形成首都设计产业核：总体规模较大，对全行业设计产业的发展带动能力强，在区域经济社会发展过程中的地位相对比较突出。目前，这一核心集聚区已经形成DRC、尚8创意产业园和751时尚创意产业基地等设计创意产业集聚区，是北京设计产业发展的核心和代表风向标。

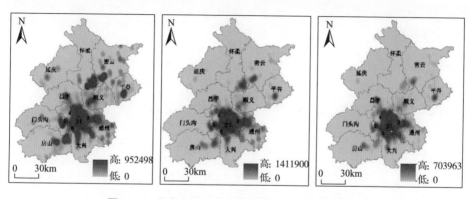

图5-19 北京市设计产业相关企业的空间集聚模式
Fig 5-19 Spatial agglomeration model of design industry-related enterprises in Beijing

在上述重点集聚区之中，主城6区同样各具特色，共同引领"设计之都"的发展。其中，尤其是西城区凭借丰富的设计资源和领先的设计实力，被北京市确定为"设计之都"核心中的核心——包括北京DRC工业设计创意产业基地、"新华1949"国际设计产业园等多个设计产业集聚区不断发展壮大，"中国设计交易市场"已经成为促进设计产业发展的核心要素资源支撑平台，"中国创新设计红星奖"已成为具有一定国际影响力的国内权威专业设计大奖。因此可以说西城区未来将继续引领北京市设计产业的集群化发展趋势。

5.3.2 北京市设计产业空间集聚区域特征

近年来，按照北京城市总体规划、主题功能区规划和"十二五"规划纲要确定的北京城市空间结构，并根据北京市设计产业发展基础现状，紧扣北京市"设计之都"的建设要求，从设计产业门类、产业链环节和产业发展阶段等方面，当地政府系统梳理了各区县的设计产业发展基础和资源条件，在原有产业优化发展的基础上，包括顺义、大兴、昌平等各具特色的一般集聚区开始形成——尽管与重点集聚区相比，一般集聚区的整体规模较小，对其他设计产业的影响力相对不高，但是其在各自区域经济社会发展过程中的地位同样不可忽视。

在一般集聚区中，顺义区的北京市汽车产业核心区已经具有较大规模，已经基本形成了汽车企业总部、汽车研发、汽车产品检测、汽车整车生产、汽车零部件配套、汽车物流销售、汽车外部支撑服务等集产、学、研、销、售后服务和配件供应于一体的"一条龙"汽车产业链。未来，依托区域政策优势，汽车设计业在这一地区的发展远景依然被看好。另外，昌平区的现代装备和工程机械产业设计集聚区也已经形成较大规模，未来该区将进一步促进设计产业与战略性新兴产业、现代制造业等产业的融合，丰富现代装备制造业的设计内涵；大兴区的工业产品设计集聚区同样开始成形，借助北京CDD创意港的产业集群优势，未来该区将进一步提升工业产品的自主设计和创新能力、工业产品设计的市场转化水平等，在促进区域经济提升的同时推动北京市工业产品设计的产业化发展。

5.3.3　北京市各类型设计产业集聚特征

企业的空间分布主要集中在市六区，呈现明显的空间集聚特征，不同类型企业集聚区位置有所差异。根据核密度分析结果显示（图5-20），产品设计类企业主要集聚在东城区的王府井，海淀区的中关村，朝阳区的三元桥、望京、国贸，丰台区的玉泉营、长辛店、南苑，大兴区的亦庄，通州区的西集附近区域，并在海淀区、怀柔区、顺义、昌平区形成了局部的集聚区域。建筑与环境设计类企业除了在北京市中心城区大量集聚之外，在昌平区的城北街道、城南街道、回龙观，顺义区的石园街道，怀柔区的桥梓镇等地也有许多企业集聚分布。视觉传达类企业密集分布在长安街、五道口、中关村科技园、永丰产业园、798艺术区等市中心区域，在东城区、朝阳区、海淀区形成大范围的集中连片区。其他设计类企业分布较为分散，主要分布在北京商务中心区、中关村科技园、首钢产业园、昌平科技园、北京城市副中心等，形成了多个产业集聚区。总体上来说，四类设计企业都具有较高的集聚程度和较大的集聚范围。中心城区（城六区）作为城市功能的主要承载区域，集聚了大部分设计类企业。在北京城市副中心通州，顺义、大兴、亦庄、昌平、房山新城，形成了许多规模较小的次级集聚区。位于北部和西部的密云区、延庆区、怀柔区、平谷区、门头沟区，以及昌平区和房山区的山区，作为生态涵养区，设计类企业相对较少。

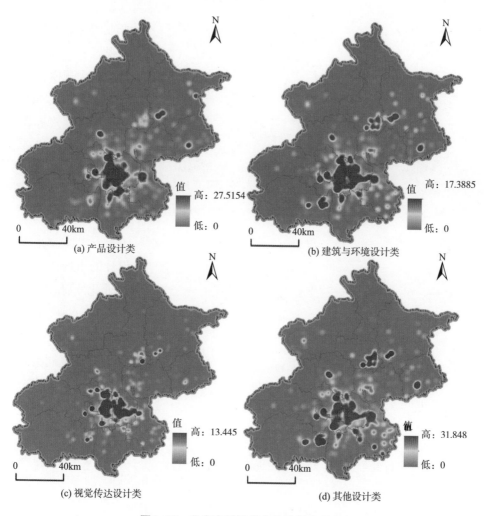

图5-20 北京市设计类企业核密度分布
Fig 5-20 Kernel density distribution of design enterprises in Beijing

运用Crimestat 3.3软件的最近距离层次聚类分析方法，进一步探测北京市四类设计企业空间分布的热点区，并借助ArcGIS 10.7软件对四类设计企业的热点区进行空间可视化，并绘制图5-21。由图5-21和表5-2可知，四类设计企业分布的热点区均主要分布在城市中心区域，一阶热点区都位于城6区附近，二阶热点区的分布范围更广。产品设计类企业的一阶热点区呈现西北—东南走向，大致与中

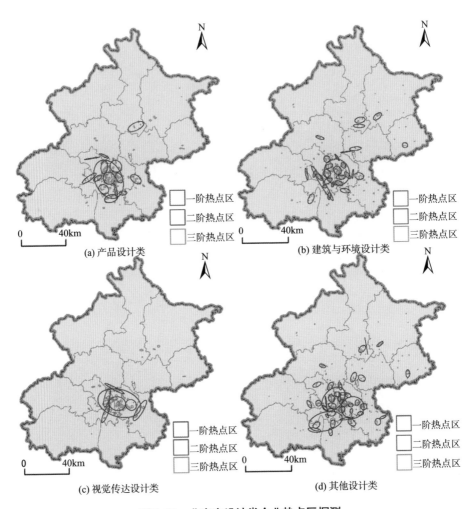

图5-21　北京市设计类企业热点区探测
Fig 5-21　Hot-spot detection of producing services in Beijing

关村和亦庄的连线平行，二阶热点区分布于一阶热点区附近，比如三里屯和中关村的附近区域，三阶热点区则集中分布于市中心、散布于城市郊区。其余三类企业热点区也有相似的分布规律。比如，在企业分布最密集的三阶热点区，其他设计类企业高强度、高密度聚集在面积小的产业斑块内，平均面积仅为0.008km²，企业点密度高达131.148个/km²。一般而言，阶数越大，热点区的个数越多，总面积越小，单位面积的企业数量越多，地理集中程度越高，空间热点探测的效果越明显。地理集中度结果表明，三阶热点区的个数最多，总面积最小，单位面积企业数最多。总体而言，不同类型企业集聚既有相似处又存在差异，建筑与环境设计类企业和其他设计类企业具有小范围、高强度聚集的特点，产品设计类企业和视觉传达类企业倾向于大范围、低强度聚集。

表5-2　空间热点聚类结果

Tab 5-2　Spatial hot-spot clustering results

产业类别	热点级别	热点区			企业		地理集中度
		个数（个）	面积（km²）	占比（%）	个数（个）	占比（%）	
产品设计	一阶热点区	1	644.634	3.932	2363	43.231	10.994
	二阶热点区	14	611.912	3.733	2105	38.511	10.317
	三阶热点区	64	135.196	0.825	2317	42.389	51.398
建筑与环境设计	一阶热点区	2	488.548	2.980	3806	35.707	11.981
	二阶热点区	27	538.006	3.282	5052	47.397	14.442
	三阶热点区	270	98.892	0.603	5695	53.429	88.567
视觉传达设计	一阶热点区	1	709.159	4.326	1649	59.445	13.741
	二阶热点区	6	421.741	2.573	1144	41.240	16.030
	三阶热点区	64	115.265	0.703	1170	42.177	59.984
其他设计	一阶热点区	3	957.663	5.842	6003	36.152	6.188
	二阶热点区	37	660.633	4.030	8213	49.461	12.273
	三阶热点区	369	76.799	0.468	10072	60.656	129.474

5.4　小结

北京市所属各区设计产业相关企业数量差异较大，朝阳区（4.89万户）、海淀区（2.40万户）、丰台区（1.70万户）和通州区（1.69万户）依次排在第一至第四位，而从各区设计企业的密度来看，东城区等主城6区密度相对较高，作为北京市副中心的通州区，设计企业密度高于大兴等远郊9区。

北京市设计企业在6个主城区和首都副中心通州区集聚发展，按照企业密度增长趋势可以划分为兴起（1988年以前）、缓慢集聚（1989～1998年）、中速集聚（1999～2008年）和高速集聚（2009～2018年）4个阶段。

当前北京市设计产业呈现"大集聚—小分散"的空间集聚特征，形成以"一核"为主的重点集聚区和以"多区"为辅的一般集聚区两种空间格局。

6 北京市设计产业发展的驱动因素分析

设计产业的集聚效应是指各种类型的设计产业及其企业经济活动在相互吸引的向心力作用下，向一定空间范围内集中的经济效果。设计产业之间及其相关企业经济活动之间的相互作用主要表现为市场环境的激励和促进作用、相关产业之间的黏性互动作用等。

成熟的产业基础、发达的消费市场是设计产业发展所需的两个基本条件，因此设计产业与地区经济与社会发展密切相连，其兴起与发展离不开制造业、现代服务业的支撑：良好的产业基础有利于设计产业链的形成，能够支撑技术向产品的快速转化；发达的市场消费和需求结构，有利于激励设计企业的创新活动，能够吸引更多设计产业人才参与到产品创新活动中来。因此，纵观国外设计产业的发展，均可发现其首先是出现在大型城市，中国的设计产业同样肇始于当初制造业相对发达的北京、上海等国际化大城市。

当前，包括中国在内的全球劳动分工越来越精细化、专业化，但是设计产业之间的关联也在不断加深，不同细分产业之间的相互依赖性逐渐增强，整个设计产业的核心层及其外围产业层环环相扣、层层相连，强大的黏性使得任何一个设计产业或设计企业都不能脱离其他经济支撑而独立存在。北京市着力打造"设计之都"，在研究设计产业今后的发展影响因素前，首先对设计企业在城市不同圈层间的区位选择进行研究，并以此作为因变量，采用Stata软件的广义有序Logistic模型分析并探讨现有设计企业选址的影响因子。

6.1 北京市现有设计企业选址分析

6.1.1 设计企业选址影响因素选取

依照文献[193]，北京市四个圈层由内向外依次是：三环以内、三环到五环之间、五环以外的外城和近郊（含五环以外的城区部分和昌平区、顺义区、大兴区、房山区和门头沟区）、远郊区县（含延庆区、怀柔区、密云区、平谷区）。

依据企业选址和城市经济理论分析，将设计企业区位选择的影响因素可分成内部因素（影响企业选址的自身因素）和外部因素（影响企业选址的环境因素）两个方面（表6-1）。内部因素：①产业类别。产业类别的差异性对企业区位选择存在明显影响[194]。②成立时间。企业的开业时间决定了其选址范围。由于产业集聚效应的存在，新企业选址会受到原有该类企业的影响[195]。③注册资本。注册资本是企业从事生产经营活动的物质基础，可以用来表征企业实际资本规模[196]。一般而言，企业注册资本越高，土地成本或者租金价格的承受能力越强。

设计企业对创意设计网络组织依赖性强，接近客户需求市场，临近创意产业园区，靠近相关高校院所，通勤交通便捷程度高，配套服务设施完善，这些是设计企业区位选择的重要原因[197]。外部因素：①知识和信息。行业政策信息和市场变化信息是企业管理决策的重要依据，生产性服务业企业倾向于布局在信息流量密集区[198]。大学在创意设计产业空间构建和重塑过程中扮演重要角色，在城市创意产业网络中发挥重要的"桥梁"作用，高校密集区因其优越的产业生态环境，有助于新产业的萌芽[199]。根据教育部公布的2021年度全国普通高等学校名单（http：//www.moe.gov.cn/jyb_xxgk/s5743/s5744/A03/202110/t20211025_574874.html），结合学校官网筛选出与设计关联度较高的学校，共计39所。②道路通达性。便捷的交通条件是企业聚集和选址的重要条件，以到三级及以上道路的最近距离表示路网通达度。考虑到北京市交通结构的特点，选取地铁便捷度指标反映公共交通可达性[200]。道路网络数据来自Open Street Map（https：//www.openstreetmap.org），地铁站点数据来自百度地图（https：//map.baidu.com）。③园区环境。通过市场和政府形成的产业园区，具有比较完善的服务设施和配套支持政策，管理运营规范，服务体系健全，对企业的布局选址具有吸引力。根据北京市委宣传部公示的《2020年度北京市级文化产业园区拟认定名单公示公告》（http：//www.beijing.gov.cn/ywdt/gzdt/202007/t20200713_1945836.html），获取100家市级文化产业园区信息。根据《中国开发区审核公告目录》（2018年版），获取北京市19个省级及以上开发区信息。④集聚特征。集聚带来专业化市场，促进基础设施和知识信息的共享，有助于企业降低成本和提高效率[201]。过度集聚产生集聚不经济，导致扩散以规避竞争，企业需要在集聚与扩散之间寻求平衡点[200]。通过统计同一区县的企业数量，反映设计企业在同一区县的集中程度[193]。

表6-1 北京市设计企业布局的影响因素及定义

Tab 6-1 Determinants and definition of design enterprises' spatial distribution in Beijing

变量	符号	含义	样本均值（标准差）
因变量			
企业选址	Y	1=三环以内；2=三环到五环之间；3=五环以外的外城和近郊；4=远郊区县	2.675（0.888）
内部变量			
产业类别	X_1	1=产品设计类；2=建筑与环境设计类；3=视觉传达设计类；4=其他设计类	2.860（1.168）
成立时间	X_2	注册年份（取对数）	7.608（0.003）
注册资本	X_3	注册资本（万元）（取对数）	5.810（1.672）
外部变量			
科研机构	X_4	距离最近设计类高等院校的距离（km）的倒数	0.332（0.608）
道路通达性	X_5	距离三级及以上道路的距离（km）的倒数	26.625（27.502）
地铁通达性	X_6	距离最近地铁站的距离（km）的倒数	1.726（2.618）
园区环境	X_7	距离最近文化产业园区、省级以上开发区的距离（km）的倒数	1.443（7.120）
空间集聚	X_8	设计企业所在同一县区的企业数量（个）（取对数）	7.882（0.566）

6.1.2 设计企业区位选址因素分析

为了找出影响北京市设计企业区位选择的影响因素，首先将选定的所有自变量与因变量进行有序Logistic回归分析。在进行有序Logistic回归之前，先设置哑变量（数目是分类变量类别减1），再运用线性回归对数据进行共线性检验，结果显示各变量的方差膨胀因子（VIF）均小于10，表明不存在引起共线性的因素。由于有序Logistic模型结果需要通过平行性假设检验（即"比例优势"假设），而平行性假设结果$P<0.05$，表示不满足平行性假设，无法使用有序Logistic回归分析。采用广义有序Logistic模型，可以忽略平行性假设检验的问题。将选取的自变量与因变量进行广义有序Logistic回归分析，得到三组结果，如表6-2所示。从回归模型的P值以及Pseudo R^2看，模型拟合效果较好。在广义有序Logistic模型中，只需要自变量在一组模型中显著，则可视为该变量对因变量影响显著，但自变量在不同组别中对因变量影响的方向和大小可能会不一致[202]。

表6-2　北京市设计企业选址广义有序Logistic模型结果

Tab 6-2　Results of generalized ordered Logistic model for site selection of design enterprises in Beijing

变量	Y=1		Y=2		Y=3	
	标准化系数	标准误	标准化系数	标准误	标准化系数	标准误
X_1产业类别						
2	0.246***	0.038	0.174***	0.035	0.322***	0.045
3	−0.049	0.056	−0.122**	0.051	0.357***	0.069
4	0.436***	0.039	0.374***	0.036	0.374***	0.052
X_2成立时间	123.738***	4.345	121.278***	4.119	89.795***	7.125
X_3注册资本	−0.018**	0.008	−0.010	0.007	−0.041***	0.011
X_4科研机构	−0.412***	0.037	−1.132***	0.029	−19.762***	0.534
X_5道路通达性	0.006***	0.001	0.004***	0.000	−0.001	0.001
X_6地铁通达性	−0.239***	0.006	−0.290***	0.007	−1.802***	0.066
X_7园区环境	−0.017***	0.002	0.004**	0.002	0.003	0.002
X_8空间集聚	0.620***	0.028	−0.993***	0.024	−2.343***	0.041
常数项	−943.748***	33.052	−913.517***	31.327	−664.166***	54.218
企业数	35504					
Log likelihood	−30295.386					
prob>χ^2	0.000					
Waldχ^2(33)	27450.860					
pseudo R^2	0.312					

注　*：90%置信度；**：95%置信度；***：99%置信度。

表6-2结果显示，模型中各自变量对设计企业区位选择均具有显著影响，模型的整体拟合效果较好。不同类别的设计企业，具有不同的服务和定位选择功能，因而产生了不同的区位选择行为。随着成立时间的变化，企业区位选择的中心性增强，即设计企业成立时间越晚，越倾向于在市中心布局，企业大多从事生产性服务活动，要求客户响应时间越短越好。设计企业在郊区选址布局方面可能与注册资本有关，注册资本越高的企业规模往往也越大，需要占用更大的生产场所，因此布局在租金高昂的市中心并不合理。设计企业往往布局在高等院所附近，容易接收知识信息和专业人才的溢出，越是布局在郊区的企业，受到与高校距离的影响就越大。北京市内道路通达性好，区域差异比较弱，影响程度相对较小，反映出北京市不同地区公路交通设施差异并不明显。设计企业选址受到地铁

通达程度的影响，位于郊区的企业往往布局在靠近地铁站的区域，这主要是由于郊区的地铁交通便利程度相对较差，所以企业在选址时往往更加注重地铁交通便利性。位于市中心的设计企业倾向于选址在产业园区，这是由于产业园区拥有配套的产业扶植政策，倾向于布局在郊区的设计企业则与是否位于产业园区关系不大，可能是因为郊区产业园区发展不完善，尚未形成产业集群，缺乏相应的政策支持。空间集聚因素对设计企业集聚具有显著的影响，位于市中心的设计企业受到产业竞争形成的负外部性影响，并不倾向选址在企业数量较多的地区，而位于郊区的设计企业往往受到产业集聚带来的正外部性影响，因而希望布局在企业数量较多的地区。

6.2　北京市设计产业未来发展因素分析

6.2.1　区位因素

（1）外围支撑能力

区位因素是设计产业必须要首先考虑的重要经济因素，区位包括空间位置优势、交通便捷程度、资源禀赋等。在设计产业分布整体上与区域发展密切相关的前提下，不同类型的设计企业呈现出区域差异性，与其产业链上重要功能单元的空间分布具有一定程度的关联性。因此，区位主体即设计产业在进行区位选择时必须充分考虑上游产业和下游产业、核心企业与外围企业之间的区位关联度，坚实的空间关系链、较高的区位关联度是设计产业集聚的基础。

设计企业集聚发展，能够广泛吸纳来自社会各界的信息流、资金流、物流等设计信息，使之成为信息集中与国际交流的平台。例如，北京DRC工业设计创意产业基地选址于中央政务区腹地的中关村德胜科技园，就是因其周边分布有中国航空规划设计院、中国有色金属研究院、北京煤炭设计院等国家级科研设计单位，以及北京邮电大学、北京师范大学、北京交通大学等著名学府，具有雄厚的产、学、研结合潜力，能够使其有效整合并优化首都的设计资源，从而实现设计展示、信息汇集、产业孵化、人才培训、国际交流、材料查询、市场与政策研究等专业化设计服务。

（2）中心辐射功能

设计产业链上的大型企业、大型消费市场、人才聚集地等对多数中小设计企业的空间分布具有重要的影响，构成了设计产业发展的重要功能单元，促使在其周围形成一定密度的中小设计企业集聚发展。大型设计企业通过整合、优化北京的设计资源，能够充分发挥北京的政治、文化中心城市作用，从而形成知识型设计服务业中心——既是智慧和构思的研发核心、品牌的培育中心，也是人才、资源等各种设计要素的配置中心。

如图6-1所示的北京市城区图，在设计产业发展初期，北京市的设计产业集中在东城、西城、朝阳和海淀等6个中心城区发展，特别是朝阳区和海淀区的

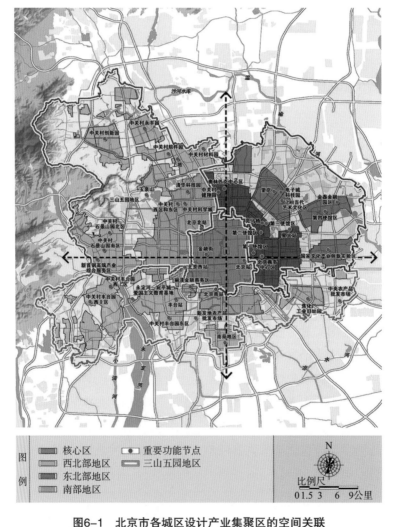

图6-1　北京市各城区设计产业集聚区的空间关联

Fig 6-1　Spatial correlation of design industry clusters in various urban areas of Beijing

审图号：京S（2023）001号

设计相关企业，无论数量还是密度都在其他中心4区之上。作为北京乃至中国的政治经济中心，在上述几个核心区域内，向周围区域提供各种货物和服务更加便捷而且经济，因此设计产业经历了初期集聚阶段，城市核心区域形成中心地职能。

6.2.2　科技文化与人才因素

（1）科学技术

依据工业区位理论，影响工业区位选择的设计产业的发展以科学、文化资源的开发利用为基础，因此在当前的全球知识经济时代，科学技术因素的引导作用也是设计产业在一定空间内集聚的重要影响因素：科学文化能够无限拓展人们的想象空间，为设计产业提供丰富多样的生存土壤；科学技术可以为设计产业提供先进的硬件设备和条件支撑，促进其产品创新。另外，科技信息同样是设计产业交流、设计产品流通的关键，是设计产业选址时必须考虑的重要因素——随着科技发展的日新月异，获取科技信息的质量和速度成为设计产业快速、合理做出决策的基础，也是决定设计企业在市场竞争中成功与否的关键。因此，拥有便捷的信息获取通道的商业中心往往也是设计产业集聚发展的区域。

（2）人才与劳动力

设计的底蕴是科学文化，因此人力资源成为设计产业发展的主力，高素质的设计产业人才，包括管理人才、创意人才、复合型人才以及技术熟练的产业工人等，对于设计产业发展而言均是至关重要的：具有不同专业技能的人才能够赋予设计产品不同的科技内涵，因此不同类型的设计产业对于人才的技能要求各异，对相关人才的专业方向、层次水平、综合能力等都有不同需求；另一方面，具有不同专业方向、层次水平和综合能力的设计人才对工作待遇和生活环境的选择也可以影响设计产业的决策。因此，人才和劳动力因素是设计企业创新和发展的持续动力，表6-3显示的是北京市2011～2012年设计企业人才增长情况。

专业的设计研发人员是企业设计能力强弱的决定性因素，而企业的设计能力和设计水平制约着设计服务业的发展。所以，科学技术因素也包括人才和劳动力对设计产业的推动作用，而设计产业的人才吸引和培养机制能够决定人才的数量和质量，而人才的数量和劳动力的质量更会直接影响其对不同类型设计产业的发展——因此在西方国家，如纽约、东京、伦敦、巴黎等大都市，其之所以成为设计产业的集聚中心，重要原因之一就是其拥有大规模的高收入人口、较高的科学文化素质群体。

表6-3 北京市2011～2012年设计产业分支领域从业人员情况

Tab 6-3 Table of employees in design industry branches in Beijing from 2011 to 2012

分类	从业人员数（万人）		
	2012	2011	增速（%）
合计	12.33	11.31	8.9
产品设计	1.31	1.19	10.1
建筑与环境设计	8.64	7.90	9.3
视觉传达设计	2.13	1.99	7.0
其他设计	0.24	0.23	5.7

6.2.3　市场和消费因素

（1）发展成本

发展成本是驱动设计企业集聚发展的重要市场因素，特别是多数中小型设计企业对发展成本更加敏感。因此，随着北京市城市中心区域的房价和租金水平提升，大兴等土地价格相对低廉的远郊9区对设计企业的吸引力也在逐渐加大，从而吸引大批生产型设计企业进驻、产业集聚逐渐向城市外围发展。

健全而稳定的市场制度能够为设计产业发展提供良好的外部环境，从而引导设计产业健康稳定发展，因此包括设计产业政策、相关产业发展的法规体系等制度因素也是带动区域设计产业发展的关键。为了弥补市场机制缺陷而实现特定的经济社会发展目标，政府部门必须及时对设计产业发展进行干预和调整，包括促进、帮扶、保护等，尤其是针对设计产业的一系列优惠政策和措施，能够在相对较短的时间内形成产业集聚发展的强大引力和推力。例如，在北京市DRC工业设计创意产业基地入驻企业，不仅可以享受北京市高新技术企业、中小型企业创新基金的支持，同时还能够享受《北京市促进文化创意产业发展的若干政策》、北京市科学技术委员会相关科技扶植政策及西城区德胜科技园产业发展扶植政策等的大力支持，使之在其成立之初就驶入快速发展的轨道。在一系列政策措施的驱动下，设计类企业的发展成本持续降低，企业收入和利润不断提高，相关设计产业也在不断地发展壮大（表6-4、表6-5）。

表6-4　北京市2011～2012年规模以上设计单位分领域发展情况

Tab 6-4　Development of design units above designated size by field in Beijing from 2011 to 2012

分类	单位数（个）			收入合计（亿元）			利润总额（亿元）		
	2012	2011	增减	2012	2011	增速（%）	2012	2011	增速（%）
合计	875	860	15	1247.65	1104.46	13.0	144.96	136.01	6.6
建筑与环境设计	564	545	19	915.09	803.23	13.9	89.56	82.90	8.0
视觉传达设计	165	172	-7	163.68	160.37	2.1	41.19	41.54	-0.8
产品设计	113	105	8	152.59	125.17	21.9	13.45	10.75	25.1
其他设计	33	38	-5	16.28	15.68	3.8	0.76	0.82	-7.5

表6-5　2012年北京市设计产业四大领域主要指标占比情况

Tab 6-5　Proportion of the main indicators in the four major areas of Beijing's design industry in 2012

产业分类	收入（%）	利润（%）	从业人员（%）
建筑与环境设计	73.3	61.8	70.1
产品设计	12.2	9.3	10.6
视觉传达设计	13.1	28.4	17.3
其他设计	1.4	0.5	2.0

（2）消费需求

设计产业的发展对消费市场的需求比较敏感，尤其是在当前设计产品和相关服务相对过剩的发展阶段，只有那些能够及时适应和满足消费者丰富多样、动态变化需求的产业和企业才能得到健康、持续发展。市场消费需求促进设计产业集聚的一般模式，是以设计产业人才为主要推动力，以市场对创意产品或服务的需求不断变化、不断调整和不断完善的过程为传导机制，在一定区域内形成和发展的设计创意产业区。从小尺度空间来看，能够就近满足消费者需求是重要考量因素，例如文化创意、娱乐服务业等；从大的区位来看，市场需求大的中心城市具有强大的辐射作用，从而促进设计产业集聚。

当前，北京市设计产业交易市场不断繁荣，设计产品交易成果呈逐年增长趋势。统计结果显示：2013～2014年度设计交易成果达102亿元，带动首都文化旅游收入、拉动各个商圈及各类设计消费活动而形成的设计消费额约为5亿多元人民币；2013年北京技术合同成交额为2851.2亿元，占全国的38.2%，已经成为全国最大的技术商品和信息集散地。随着我国经济的快速增长、人民收入水平的不断提升以及产品同质化现象的加重，消费者对产品品质、视觉感受、消费环境、品牌价值等方面的要求也日渐提高，众多行业公司产品存在与文化创意和设计服务相融合的迫切需求，未来设计产业的市场发展空间将持续增大。

6.2.4 政策和制度因素

（1）发展规划与战略

通过城市规划，引导产业集聚发展是政府部门推动设计产业集群发展的重要途径。2015年，北京市的城市发展规划将此前划分的四类功能区——首都功能核心区（强化政治中心、文化中心、国际交往中心功能，提高服务能力）、城市功能拓展区（强化科技创新、商务服务和国际交往功能）、城市发展新区（完善和补充城市功能，加大产业人口承接力度，着力打造发展示范区）和生态涵养发展区（强化生态保护功能，发展绿色产业，实现绿色就业）修改为三类，即按照城六区、城市发展新区、生态涵养发展区这三类功能区确定产业发展规划。随着城六区实行最严格的建设规模控制，首都中心职能的作用被疏解，规划面积155平方公里、预期人口承载规模100万的城市发展新区——通州，作为副中心逐渐吸引更多的设计产业前来发展，产业密度逐渐增加，区域集聚特征渐显。

2011年北京市启动实施科技创新与文化创新的"双轮驱动"战略，加快建设中国特色社会主义先进文化之都，加快推动包括设计服务业在内的首都战略性新兴文化产业发展。基于"十一五"时期的良好发展基础，在国家的重视和大力扶持下，2011年北京市设计服务业持续稳定快速发展，包括建筑设计、规划设计、工业设计、集成电路设计、服装服饰设计等优势行业继续支撑产业发展：坐落于中关村高科技园区德胜科技园、总面积8000多平方米的北京市DRC工业设计创意产业基地（Design Resource Cooperation 设计资源协作）和751时尚设计广场、位于朝阳区酒仙桥街道大山子地区的798艺术区、位于大兴区的CDD创意港等产业集聚区得到进一步的优化发展，双轮驱动助力北京市"文化中心"建设，极大地促进了设计产业的科技成果转化和行业发展。

（2）发展环境的法制保护

设计产业的知识产权是关于人们在设计产业的生产和实践过程中创造的智力劳动成果、经营活动中的标记、信誉等所依法享有的专属权利。知识产权具有特定的文化属性、经济属性和社会属性，因此设计产业知识产权在文化创意、产品开发、品牌建设和跨界运营等设计产业发展过程中具有重要作用。

由于设计产业具有涵盖范围广、新兴行业多、市场相对不成熟的特点，因此设计产业及其产品特殊性还需要政府部门加大力度保护发明专利和知识产权，只有在完善的知识产权法律保障的基础上，设计产业才能健康持续发展，特别是高度依赖于知识产权保护的文化创意产业等。另外，艺术区的生态环境问题也是关系到设计产业集聚区能否健康、持续发展的关键因素，交通秩序、噪声及大气污染治理等也需要政府部门的大力支持。总之，包括政府管理机构、管理职能、管理手段在内的政府管理体系等，均为影响设计产业的重要因素。

6.3　实例分析——以北京市建筑与环境设计产业为例

建筑与环境设计是一项综合性的产业活动，与建筑安装、装饰、装修等活动密切联系。随着建筑产业活动的工业化和服务业化，建筑与环境设计逐渐成为产业链条中的一个相对独立的环节，并演变出两类产业部门，一是内置在建筑企业内部的建筑类部门，二是独立于建筑企业的服务类部门。

因其特有的独立性和综合性，本节在原有数据基础上，添加2018～2022年北京市建筑与环境设计企业样本，共计35377家。基于企业注册时间和经营状态变化的视角，运用空间自相关、空间计量回归模型等方法，细化北京市建筑与环境设计企业的不同类型部门，通过分析其空间分布特征和企业区位选择的影响因素印证前文所述结果。

6.3.1　北京市建筑与环境设计企业空间格局演化

（1）基于成立时间的企业空间格局演化

2008年及之前，北京市房地产经济发展迅速，以奥运工程为代表的重点工程建设顺利推进，建筑产业链条逐渐完善，不同类型建筑与环境设计产业特性差异开始凸显。2008年之后，经过全球金融危机的不利冲击，开始了大规模基础设施建设，中国经济逐渐步入中高速增长阶段。2015年之后，北京市禁止在中心城区全域进行新投资设立建筑业企业，房地产开发投资市场增长缓慢，建筑与环境设计市场趋于饱和。借助GeoDa1.12软件，计算得出三个时段两类企业数量的全局Moran's I估计值和Z得分均为正值，P值均为0.001（表6-6），这说明三个时段中，343个乡镇街道的新注册企业数量均呈现显著的正向自相关性，即新成立企业数量多的研究单元，其周边单元的新成立企业数量也多，反之亦然。全局 Moran's I 估计值的变化结果显示，建筑类的新注册企业的空间集聚先降低后升高，服务类的新注册企业的空间相关性则在不断降低。随着时间的推移，北京市乡镇街道间新注册企业数量差异的增强和减弱，导致空间关联不断发生变动。

表6-6　北京市新注册的建筑与环境设计企业的单变量空间自相关估计

Tab 6-6　Univariate spatial auto-correlation estimation of newly registered architectural and environmental design enterprises in Beijing

指标项	建筑类			服务类		
	2008年及之前	2009～2015年	2016～2022年	2008年及之前	2009～2015年	2016～2022年
Moran's I	0.141	0.093	0.147	0.193	0.156	0.097
Z得分	8.451	6.030	10.049	11.531	9.370	5.925
P值	0.001	0.001	0.001	0.001	0.001	0.001

　　为了进一步探讨两类企业区位选择的空间依赖性，通过Local Moran's I 的高低及其显著性水平，探测出北京市镇域两类新注册企业选址的局部关联性（图6-2）。对于新注册的建筑类企业而言，2008年及之前，高—高聚集区（H-H）主要分布在房山区东部至通州区南部一带的50个乡镇单元，表现出区域新注册企业数多、空间聚集性强、与周边乡镇的企业注册情况密切联系的特点。低—低聚集区（L-L）主要位于密云区、怀柔区、延庆区和门头沟区，这些地区大多属于生态涵养区，新注册企业数量较少。2008～2015年，高—高聚集区主要位于怀柔区和密云区的南部、通州区的南部，低—低聚集区大体保持不变。2016～2022年，高—高聚集区主要分布在怀柔区、密云区和平谷区，而低—低聚集区在从石景山区至通州新城的中心城区连片分布，这些地区基本上属于政策上禁止新成立建筑企业的地区，表明这一时期建筑类新注册企业在区位选择上受到政策的有序引导和严格约束，企业选址有序性得到明显增强。高—低聚集区（L-H）和低—高聚集区（L-H）在三个时期的数量都比较少，且空间分布比较零散。对于新注册的服务类企业而言，2008年及之前，高—高聚集区和低—高聚集区主要分布在中心城区，低—低聚集区广泛分布在密云区、怀柔区、延庆区、门头沟区等生态涵养区，以及作为城市发展新区的顺义区。2009～2015年与前一时期相比，高—高聚集区的乡镇街道数量减少了8个（至79个），而低—高聚集区的乡镇街

道数量增加了15个（至87个），低—低聚集区的乡镇街道数量减少了20个（至57个）。2016～2022年，高—高聚集区和低—高聚集区已经从中心城区转移至怀柔区和密云区的南部附近，中心城区出现了高—低聚集区，表明新注册的服务类企业的空间集聚态势趋于减弱，企业区位选择处于调整过程中。

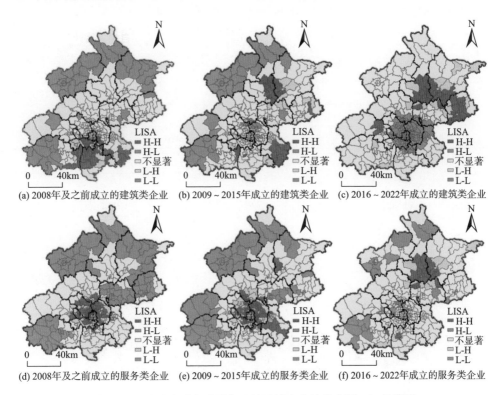

(a) 2008年及之前成立的建筑类企业　(b) 2009～2015年成立的建筑类企业　(c) 2016～2022年成立的建筑类企业

(d) 2008年及之前成立的服务类企业　(e) 2009～2015年成立的服务类企业　(f) 2016～2022年成立的服务类企业

图6-2　北京市新注册建筑与环境设计企业的单变量LISA集聚图
Fig 6-2　Univariate LISA clustering map of newly registered architectural and environmental design enterprises in Beijing

（2）基于经营状态的企业空间格局演化

计算单变量和双变量空间自相关的Moran's I，分析变量自身以及两两之间的全局空间关联特征（表6-7）。单变量Moran's I显示，两种经营状态的两类企业都具有显著正相关性，同种经营状态的服务类企业的相关性均强于建筑类企业，这说明经营状态一致的同类企业往往在空间上处于聚集的趋势，服务类企业的空间聚集特性更为突出。以存续状态企业数量为中心变量，以其他状态企业数量为周围变量，计算得出的双变量Moran's I显示，两种状态的企业数量之间具有显著的空间互相关效应，不同状态的服务类企业的相关性高于不同状态的建筑类企业，说明不同状态的同类企业的空间具有趋同性，即存续企业较多的地区，往往其周边区域也属于其他状态企业数量的高值区，反之亦然。

表6-7　北京市不同经营状态建筑与环境设计企业的单变量与双变量空间自相关估计

Tab 6-7　Univariate and bivariate spatial auto-correlation estimation of architectural and environmental design enterprises in different business states in Beijing

指标项	建筑类			服务类		
	存续企业	其他企业	存续/其他	存续企业	其他企业	存续/其他
Moran's I	0.101	0.097	0.051	0.150	0.203	0.175
Z得分	6.650	6.057	3.735	8.949	11.635	11.128
P值	0.001	0.001	0.004	0.001	0.001	0.001

注　加粗部分为双变量空间自相关估计结果，其余为单变量空间自相关估计结果。

由图6-3可知，两种状态的两类企业均呈现出显著的空间聚集效应。其中，

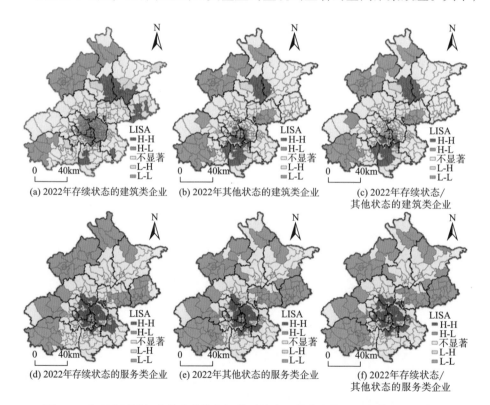

(a) 2022年存续状态的建筑类企业　　(b) 2022年其他状态的建筑类企业　　(c) 2022年存续状态/其他状态的建筑类企业

(d) 2022年存续状态的服务类企业　　(e) 2022年其他状态的服务类企业　　(f) 2022年存续状态/其他状态的服务类企业

图6-3　北京市不同经营状态建筑与环境设计企业的单变量和双变量LISA集聚图

Fig 6-3　Univariate and bivariate LISA clustering map of architectural and environmental design enterprises in different business states in Beijing

就建筑类企业而言，存续企业的高—高型单元主要位于怀柔、密云和平谷新城，低—低型单元主要在中心城区以及北部和西部的山区，非存续企业的高—高型单元和低—高型单元主要在丰台区及其周围地区、怀柔新城和密云新城及其附近地区，低—低型单元主要在房山区、延庆区、怀柔区、顺义区。就两种状态的服务类企业而言，中心城区及其毗连区域为高—高型单元和低—高型单元的聚集区域，低—低聚集区连片分布在西部和北部的山区，以及平谷区和顺义区。建筑类企业的高—高型单元主要在南部的大兴区及其附近、北部的怀柔和密云新城，服务类企业的高—高型单元和低—高型单元主要在中心城区交错分布。结果显示出企业经营状态的行业异质性和空间异质性是客观存在的。

6.3.2 北京市建筑与环境设计企业选址的影响因素分析

（1）变量选取与模型估计

设计企业对创意设计网络组织依赖性强，接近客户需求市场，临近创意产业园区，靠近相关高校院所，通勤交通便捷程度高，配套服务设施完善是设计企业区位选择的重要原因[197]。在研究企业区位选择的影响因素时，以2022年乡镇街道的存续企业数量为因变量。企业在选址时不可避免地需要考虑一个地区的产业集群环境。在考察存续建筑类企业区位选择影响因素时，将2022年乡镇街道的存续服务类企业数量作为产业环境的代理变量，反之亦然。经营成本是企业选址的重要影响因素，经营成本越高，企业数量越少。使用2021年北京市各个研究单元的写字楼租赁平均价格反映经营成本，数据来自中国房价行情数据库（www.creprice.cn）。根据教育部公布的2021年度全国普通高等学校名单（http：//www.moe.gov.cn/jyb_xxgk/s5743/s5744/A03/202110/t20211025_574874.html），结合学校官网筛选出与建筑与环境设计相关专业的学校，共计39所（包括主校区和分校区）。交通便利性既是企业生产经营的重要条件，也是衡量城市舒适性的重要指标，有助于吸引和留住创意人才，选取每个乡镇街道的停车场的数量作为代理变量，该数据来自2022年3月获取的百度地图POI。表6-8给出了纳入回归方程的各个自变量。为了更好地拟合数据，使得关键变量更加显著，对变量均取对数处理。

如表6-8所示，2022年北京市镇域单元两类建筑与环境设计存续企业数量均通过全局空间自相关检验，说明空间依赖性对企业区位选择具有重要影响，有必要考虑运用空间计量模型进行估计。从表6-9可知，两个OLS回归残差的空间

表6-8 北京市建筑与环境设计企业布局的影响因素及定义

Tab 6-8 Influence factors and definition of the layout of architectural and environmental design enterprises in Beijing

变量	符号	含义	预期影响
产业集聚	*firm*	2022年乡镇街道的建筑类或服务类存续企业数量（个）	+
经营成本	*operate*	2021年乡镇街道的办公场地平均租金（万元）	–
创新活动	*innovation*	2022年乡镇街道到最近高校校区的直线距离（km）	–
交通便利性	*convenience*	2022年乡镇街道停车场的个数（个）	+

依赖性、LMERR和R_LMERR都非常显著。建筑类企业OLS回归的LMLAG显著，R_LMLAG在1%水平上不显著。服务类企业OLS回归的R_LMLAG和LMLAG都不显著。由此可见，与OLS和SLM相比，SEM模型更加适用。从表6-10可知，运用SEM模型，两个模型的拟合优度R^2均得到了提高，模型的解释能力得到了提升，自变量对因变量的解释程度都有不同程度的提升，对数似然值Log-L较大、AIC值和SC值较小，标准正态分布假设和模型间的对应似然水平得到进一步提升。而且，两个SEM模型的空间误差回归系数Lambda在1%水平显著为正，说明模型中存在强烈的空间依赖性。因此，SEM模型拟合效果最优、结果最为稳健。

表6-9 空间效应检验

Tab 6-9 Spatial effect test

统计检验	建筑类企业			服务类企业		
	指数/自由度	统计量	*P*值	指数/自由度	统计量	*P*值
Moran指数（误差）	0.131	8.363	0.000	0.063	4.264	0.000
空间滞后效应LM检验（LMLAG）	1	29.730	0.000	1	0.001	0.978
空间滞后效应稳健LM检验（R_LMLAG）	1	4.163	0.032	1	2.345	0.126
空间误差效应LM检验（LMERR）	1	51.734	0.000	1	11.990	0.001
空间误差效应稳健LM检验（R_LMERR）	1	26.617	0.000	1	14.334	0.000

（2）空间计量模型结果分析

通过对OLS、SLM和SEM模型性能的比较，采用SEM模型对两类企业存续经营状态的影响因素进行分析。在产业环境方面，两个SEM模型中，*firm*均为正值，且通过1%水平的显著性检验。这说明对于建筑类企业和服务类企业而言，产业集聚和产业关联效应对企业存续具有正向的推动作用，产业基础良好的地区往往能够延续优势地位，产业合理竞争有助于促进产业良性发展。在经营成本方面，建筑类企业受到operate显著的负向影响，而服务类企业受到operate显著的正向影响，显示出明显的行业异质性。对于建筑类企业而言，建筑与环境设计方面的职能部门嵌于企业组织之中，而企业需要占据较大的空间，为工作场所支付比较高额的费用，选择向土地成本较低的郊区迁移对企业具有较强的吸引力。而服务类企业的规模和办公空间相对较小，建筑与环境设计活动是企业的主要经营范围，并且需要保持对市场变化的敏感性，也不受到产业政策的限制。建筑类企业和服务类企业分别受到innovation显著的正向影响和负向影响，体现出强烈的行业异质性，说明靠近高校的区位有利于建筑类企业的存续，不利于服务类企业持续经营。原因在于建筑类企业的规模相对较大，企业内部组织架构较为完善，企业选址和迁移的成本比较高，邻近高校意味着更有机会加强产学研合作，得到大量充足的人力资本，维持企业的组织化运作。而服务类企业大多数为小微型企业（甚至是工作室），设计服务活动相对灵活，更加具有柔性生产方式的特点，在区位选择和搬迁过程中具有更高的自由度。convenience在两个SEM模型中均为正值，且通过1%水平的显著性检验，表明交通便利性在北京市建筑与环境设计企业存续过程中具有重要的正向影响。交通条件越便利的地区，往往能够吸引创意设计人才，有利于加强企业对外部的联系。总之，在建筑类和服务类设计企业存续过程中，良好的产业发展环境和便利的交通运输条件都起到积极的促进作用，办公用房成本和高等教育区位则具有正向的推动作用或负向的抑制作用，体现出鲜明的空间依赖性和行业异质性特征。

表6-10　空间计量回归模型结果

Tab 6-10　Results of spatial econometric regression model

变量	建筑类企业			服务类企业		
	OLS	SLM	SEM	OLS	SLM	SEM
Constant	13.483***	11.745***	18.045***	−6.821***	−6.802***	−7.635***
firm	0.844***	0.796***	0.779***	0.736***	0.736***	0.743***
operate	−1.285***	−1.215***	−1.730***	0.744***	0.742***	0.831***
innovation	0.126***	0.135***	0.145***	−0.178***	−0.177***	−0.189***

变量	建筑类企业			服务类企业		
	OLS	SLM	SEM	OLS	SLM	SEM
convenience	0.064*	0.083**	0.117***	0.138***	0.138***	0.125***
Rho（Lambda）	—	0.300***	0.743***	—	0.002	0.419***
R^2	0.718	0.736	0.756	0.799	0.799	0.806
Log–L	−326.683	−316.085	−308.243	−303.250	−303.249	−298.535
AIC	663.366	644.170	626.486	616.500	618.499	607.070
SC	682.554	667.197	645.675	635.688	641.525	626.259

注　*、**、***分别表示在10%、5%、1%水平上显著。

6.3.3　实证结论

（1）产业空间格局演变趋势

北京市建筑与设计产业呈现出以主城区为中心向外围辐射状，朝阳区总量位居第一位，其次是通州区、怀柔区、密云区。设计企业总量较靠后位序有大兴区、顺义区、平谷区和门头沟区、延庆区。细化分为新注册企业与存续期企业的建筑类与服务类后，其空间分布格局也呈现出此趋势。

其中，新注册企业数量具有显著的空间正相关性，呈现出郊区化、多中心化特征。建筑类新注册企业的高—高聚集区主要从南部平原地区转移至北部的怀柔、密云、平谷新城，中心城区则成为低—低聚集区。服务类新注册企业的高—高聚集区从中心城区向北部的怀柔、密云新城转移。存续企业数量具有显著的空间集聚性。建筑类存续企业的低—低聚集区主要位于中心城区和偏远山区，高—高聚集区主要分布在怀柔、密云、平谷等新城。服务类存续企业的高—高聚集区和高—低聚集区主要分布在中心城区和邻近的通州新城、昌平新城，低—低聚集区主要位于西部和北部的生态涵养区，以及作为城市发展新区的平谷区和顺义区。不同经营状态的同类企业具有空间趋同性。建筑类的存续企业和非存续企业在大兴、房山、怀柔、密云新城高—高聚集，低—高聚集区主要位于中心城区。服务类的存续和非存续的企业在中心城区高—高聚集或高—低聚集。

（2）产业发展驱动因素

在北京市设计企业区位选择的影响因素中，注册资本越高的企业规模越大，往往需要占用更大的生产场所，因而常布局在郊区，且集中在高等院所附近。此外，地铁通达程度和空间集聚因素对设计企业集聚具有显著的影响。

　　针对两类建筑与环境设计存续企业数量，产业集聚和交通条件都具有显著的正向影响。运营成本和高校邻近性则具有方向相反的显著影响，体现出明显的行业异质性。建筑类设计企业更在意企业的运营成本，服务类设计企业对高校邻近性更敏感。由此可见，产业空间重构是企业为适应市场环境变化而激烈竞争的整合过程，产业规模扩张、结构调整和功能重组的演进过程，是产业空间和城市空间不断融合、更新升级的过程。在产业空间重构过程中，市场决定和政府调控两种机制共同起作用。产业政策等行政手段对产业空间布局调整具有强制性。在市场经济的价格、供求、竞争机制引导下，在城市空间规划与管控、产业政策干预和诱导下，建筑与环境设计行业市场优胜劣汰，优化市场资源配置，促进行业健康发展。

　　在落实首都城市战略定位的背景下，北京市需要加快建筑类设计产业高效集约发展，推动中心城区服务类设计产业向北京城市副中心和新城转移。北京市在打造"创意城市"和"设计之都"的过程中，需要加强产学研用合作机制，完善城市郊区的交通基础设施，通过关联产业转移推动服务类设计企业的迁移，合理规划城市创意设计服务产业空间，优化郊区新城建筑与环境设计产业发展环境，促进中心城区建筑与环境设计企业疏解。

6.4　小结

　　设计产业集聚发展能够形成产业集群效应，不仅可以提高设计产业的整体竞争能力，同时也可以加大设计产业的附加值和经济效应。为此，以政府宏观政策为指导，以科技研发与设计创新综合实力为依托，以高等院校、相关企业和设计机构为服务对象，通过优化配置丰富的科技与设计资源，构筑市场化的设计产业资源共享模式，为设计企业成为自主创新主体和设计机构的可持续发展提供资源保障。总结改革开放以来北京市设计产业的发展情况，企业选址受到知识溢出、交通条件、园区环境、产业集聚等方面的显著影响，进而总结了优越的区位、集中的科技文化和人力资源、庞大的市场和消费需求、不断优化的政策和制度等是促使其今后持续、健康发展的重要方向。

7 北京城市化与设计产业系统耦合

城市化系统和设计产业系统之间是相互依存、互为影响的，城市化是建设设计产业的实际载体、物质基础和前提条件，设计产业是推动城市化高速高质量发展的经济来源、重要保障和内在动力，两个系统之间错综复杂、相互交错，从而导致交互效应，产生耦合协调机制。一方面，城市的高速进步导致资源浪费、产能落后、环境恶化等一系列城市病接踵而至。综合国内和国外的发达城市与先进案例，生态型和创新型城市逐渐取代了资源型和资本型的发展模式。另一方面，设计产业是经济社会发展进步的龙头产业，是21世纪最具发展潜力的朝阳产业。目前，设计产业正在以前所未有的态势渗透到经济、社会、生活的各个领域中，为新时代的城市可持续发展提供了新的增长点。因此，本章基于北京市设计产业系统的特征构建了城市化与设计产业协调发展评价指标体系，利用耦合协调度模型分析2008~2018年北京市的城市化与设计产业耦合协调度的时空分异特征。

7.1 城市化与设计产业耦合协调模型

7.1.1 熵值法

①先选取n个样本、m个指标，X_{ij}为第i个样本的第j个指标的数值（$i=1,\cdots,$ n；$j=1,\cdots,m$），对选取的指标的评分求和。再计算第j项指标下第i个样本值占该指标的比重，在求权重之前，要对指标的原始数据先进行标准化处理，其计算公式如下：

正向指标：

$$X_i = \frac{X_i - \min(X_i)}{\max(X_i) - \min(X_i)} \tag{7-1}$$

负向指标：

$$X_i = \frac{\max(X_i) - X_i}{\max(X_i) - \min(X_i)} \tag{7-2}$$

②计算北京市第j项指标占该指标总和的比重S_{ij}，公式如下：

$$S_{ij}=\frac{X_{ij}}{\sum\limits_{i=1}^{n}X_{ij}}$$ （7-3）

③计算第j项指标的熵值P_j，计算公式如下：

$$P_j=k\sum\limits_{i=1}^{m}S_{ij}\ln(S_{ij}),k=1/\ln(m)$$ （7-4）

④计算第j项指标的差异系数Z_j，其公式如下：

$$Z_j=1-P_j$$ （7-5）

⑤计算各指标的权重W_j，公式为：

$$W_j=\frac{Z_j}{\sum\limits_{1}^{n}Z_j}$$ （7-6）

⑥计算各项指标的得分E_j，计算公式如下：

$$E_j=Z_jW_j$$ （7-7）

7.1.2 城市化与设计产业系统耦合度模型

城市化与设计系统耦合度模型是由耦合度模型和耦合协调度模型两部分组成的。

（1）城市化与设计系统耦合度模型

耦合度来源于物理学，泛指两个或者多个系统之间相互作用、互为影响的现象，其表达式为：

$$C=\left[\frac{F(x)G(y)}{\left(\frac{F(x)+G(y)}{2}\right)^2}\right]^{1/k}$$ （7-8）

式中：C为城市化和设计产业系统的耦合度，且$0\leq C\leq1$；$F(x)$为城市化系统综合评价值；$G(y)$为设计产业系统综合评价值；k为调节系数，且$k\geq2$，本研究取一般值为2。

（2）城市化与设计产业协调度模型

利用协调度模型，判断两个系统之间的协调发展程度。其计算公式如下：

$$T=\alpha F(x)+\beta G(y)$$ （7-9）

$$D=\sqrt{CT}$$ （7-10）

式中：D为协调度；T为城市化与设计产业系统综合发展指数；α，β为设定权重。因为城市化发展与设计产业两个系统的重要性是相同的，所以取

$α=β=0.5$。

7.2　城市化与设计产业耦合协调系统评价指标体系构建

城市化系统和设计产业系统都是多层次的，但是由于我国设计产业发展起步较晚、各个城市的设计产业水平各异导致某些相关数据的缺失，在查阅相关统计年鉴并进行初步数据整理的前提下，基于前人[203-211]的研究成果，结合北京市城市发展实际情况，遵循科学性、综合性、层次性、代表性及可操作性等原则，针对城市化系统选取城镇人口比重、第三产业从业人口占总从业人口的比重、城市人口密度、人均公园绿地面积、人均GDP、第二、第三产业占GDP比重、城镇居民可支配人均收入、普通本专科在校学生数、普通本专科在校学生数和社会消费品零售总额等10个指标；针对设计产业系统选取高校在校学生数、公共图书馆总藏数、广播电视综合覆盖率、社会劳动生产率、居民文化支出所占比重、邮电业务总量、外观专利授权量、外观专利申请量和设计博物馆数量10个指标，由此构建了城市化与设计产业耦合协调发展评价指标体系（表7-1）。对于北京市设计产业系统的指标选择，我们更侧重于城市设计产业的发展潜力，采用具体问题具体分析的原则，更好地结合北京市设计产业实际发展情况，只有不断提高设计产业的潜能才能更好地促进北京城市化的发展进程，因此这些指标数据涵盖了生产及市场需求要素、企业及相关产业要素、政府政策要素等方面。但是由于某些数据缺少官方统计结果，所以在未来城市化与设计产业耦合协调系统评价指标体系的构建还需进一步完善与更新。其中，劳动生产率和邮电业务总量分别代表的是承接地的生产要素和需求要素，同时为了更加强调北京市设计产业的创新能力、创新成果以及创新潜力，具体表现为高校在校学生数、公共图书馆总藏数、居民文化支出所占比重以及研究与试验发展经费内部支出相当于地区生产总值比例。

因此，城市化与设计产业之间的耦合协调关系就是城市化系统和设计产业系统指标之间所具有的各种非线性关系的总和。使用耦合协调度D来衡量城市化与设计产业的交互关系，通过计算测定双方相互作用的强弱程度。耦合协调度越大，要素之间的发展方向越有序，关系越趋于稳定（表7-1）。

表7-1　城市化与设计产业耦合协调发展评价指标体系

Tab 7-1　Evaluation index system of coupling coordinated development of urbanization and design industry

系统	指标层	属性	权重
城市化系统	X_1城镇人口比重（%）	+	0.1046
	X_2第三产业从业人口占总从业人口的比重（%）	+	0.1132
	X_3城市人口密度（人/平方公里）	-	0.0599
	X_4城市人均道路面积（平方米）	+	0.2375
	X_5人均公园绿地面积（平方米）	+	0.0865
	X_6人均GDP（元）	+	0.0373
	X_7第二、三产业占GDP比重（%）	+	0.0449
	X_8城镇居民可支配人均收入（元）	+	0.1147
	X_9普通本专科在校学生数（万人）	+	0.1246
	X_{10}社会消费品零售总额（亿元）	+	0.0765
设计产业系统	Y_1高校在校学生数（人）	+	0.0903
	Y_2公共图书馆总藏数（万册）	+	0.0394
	Y_3广播电视综合覆盖率（%）	+	0.1271
	Y_4社会劳动生产率（元/人）	+	0.0764
	Y_5居民文化支出所占比重（%）	+	0.0907
	Y_6邮电业务总量（亿元）	+	0.1575
	Y_7研究与试验发展经费内部支出相当于地区生产总值比例（%）	+	0.1068
	Y_8外观专利授权量（个）	+	0.0841
	Y_9外观专利申请量（个）	+	0.1187
	Y_{10}设计博物馆数量（座）	+	0.1089

7.3　城市化系统与设计产业系统综合水平分析

2008～2018年北京市城市化水平显著提高，设计产业也得到了快速发展，但发展不充分、不平衡的问题依然存在。通过城市化与设计产业系统评价指标体系和各个指标权重，利用SPSS计算得出北京市2008～2018年城市化和设计产业的综合指数。由于对各项指标进行了标准化处理，在对城市化和设计产业系统进行综合评价时是对每年的截面数据计算，因此城市化和设计产业指数反映的是北京市在2008～2018年中的相对值。

7.3.1 城市化系统水平演变

从图7-1可以看出，2008～2018年北京市城市化发展呈现先平稳后增长的趋势。2008～2012年间北京市城市化处于停滞不前的发展阶段，指数稳定在0.3左右，2012～2018年城市化指数开始稳定增长。总结国内外发达国家城市化发展的根本原因，工业化是城市化的动力，人口迁移是城市化的途径。首先，根据《北京市统计年鉴》，在北京市的常住人口中，1996年至2000年从其他省市迁移至北京的人口比重约为14.2%，总人口数和非农业人口数量在快速增加，为后期北京城市化的发展打下了坚实的基础。同时，随着第一、第二、第三产业所占国内生产总值的比重逐年递增及其从业人员的大幅增多，北京产业结构的转变有效地促进了北京城市化。其次，北京作为一个特大型城市，其郊区面积约占90%，郊区不仅空间辽阔，还有着丰富的自然资源和社会资源，在实现北京城市化的进程中起着重要的支撑作用。

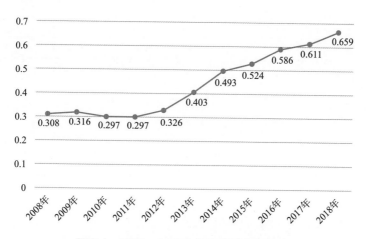

图7-1　2008～2018年北京市城市化指数
Fig 7-1　Urbanization index of Beijing from 2008 to 2018

7.3.2 设计产业系统水平演变

与北京市城市化系统呈现的小幅度增长趋势相比，北京市设计产业水平在2008～2018年发展较为迅猛，设计产业指数从2008年的0.108快速增长到2018年的0.933，如图7-2所示。其中，设计产业指数在2011～2014和2017～2018年间增幅最为明显，究其原因主要是在北京市的科技、文化与经济不平衡、不能适度融合发展的矛盾背景下，北京市人民政府于2010年10月12日批转市科委《北京市促进涉及产业发展的指导意见》的通知，强调设计产业作为生产性服务业的重要组成要素，必须推动其快速发展，实现产业结构的转变。2011年以后，随着北京城市化水平的提高，文艺创意产业也愈加受到重视与追捧，已然成为推动北京市经济增长的支柱产业。北京市在2012~2016年间通过贷款贴息和项目奖励等多种补助方式支持了1300多个优秀文创企业项目，在一定程度上说明在2017年北京市的设计产业发展已经较为成熟，对加快城市建设具有重要意义。

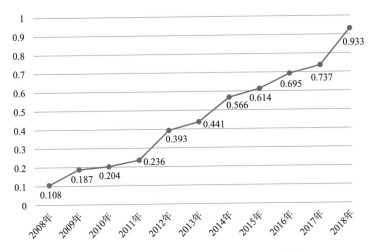

图7-2 2008~2018年北京市设计产业指数
Fig 7-2 Index of Beijing's design industry from 2008 to 2018

7.4 城市化与设计产业耦合协调度时间分异特征

7.4.1 城市化与设计产业系统的相关性

首先，利用相关性分析法检验城市化与设计产业之间的内在联系。结果表明，2008~2018年北京城市化系统和设计产业系统之间正相关关系较为显著，在一定程度上说明，伴随着城市化水平的提升，设计产业系统的综合水平也在同步提高，两个系统之间存在着良性循环模式。

7.4.2 城市化与设计产业系统耦合协调时间分异特征

设计产业与城市发展紧密相连、相互影响从而产生耦合协调机制。设计产业为城市发展提供了重要的保障和大量的技术支持，是城市化进程中的内在动力与中心内容；多元的城市化为设计产业提供了健康的文化环境和丰富的人才资源，两者相辅相成、密不可分。

通过测算城市化系统与设计产业系统的耦合协调度与发展类型，根据协调度 D 以及城市化系统 $F(x)$ 和生态环境 $G(y)$ 的大小，基于孟丹等人[212]的研究，对城市化与设计产业耦合协调类型进行划分，分类原则如表7-2所示。

表7-2 城市化与设计产业耦合协调类型划分原则

Tab 7-2 Classification principle of coupling coordination type between urbanization and design industry

综合类别	协调度水平	亚类别	系统数值对比	子类型	类型
协调发展	$0.8<D\leq1$	高度协调	$G(y)-F(x)>0.1$	城市化滞后	V1
			$\lvert G(y)-F(x)\rvert\leq0.1$	系统均衡发展	V2
			$G(y)-F(x)<-0.1$	设计产业滞后	V3
转型发展	$0.6<D\leq0.8$	中度协调	$G(y)-F(x)>0.1$	城市化滞后	IV1
			$\lvert G(y)-F(x)\rvert\leq0.1$	系统均衡发展	IV2
			$G(y)-F(x)<-0.1$	设计产业滞后	IV3
	$0.4<D\leq0.6$	濒临失调	$G(y)-F(x)>0.1$	城市化滞后	III1
			$\lvert G(y)-F(x)\rvert\leq0.1$	系统均衡发展	III2
			$G(y)-F(x)<-0.1$	设计产业滞后	III3
不协调发展	$0.2<D\leq0.4$	中度失调	$G(y)-F(x)>0.1$	城市化滞后	II1
			$\lvert G(y)-F(x)\rvert\leq0.1$	系统均衡发展	II2
			$G(y)-F(x)<-0.1$	设计产业滞后	II3
	$0<D\leq0.2$	严重失调	$G(y)-F(x)>0.1$	城市化滞后	I1
			$\lvert G(y)-F(x)\rvert\leq0.1$	系统均衡发展	I2
			$G(y)-F(x)<-0.1$	设计产业滞后	I3

城市化系统与设计产业系统耦合协调关系的时间分异特征显著，基本呈现上涨趋势，尤其在2011年后更为突出，如图7-3所示。这说明在2008~2018年间城市化系统和设计产业系统之间相互作用愈加强烈，相互促进作用愈加明显。

北京市城市—设计产业系统耦合协调度差异显著，涉及类型众多。结合图7-1~图7-3和表7-2可以得到，2008~2018年北京市城市化与设计产业耦合系统可分为三个阶段，2008年属于不协调发展阶段，2009~2018年皆处于转型发展时

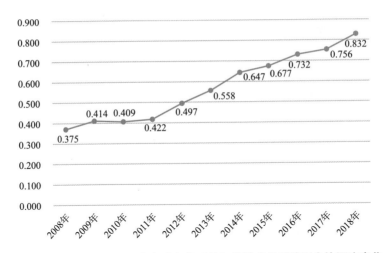

图7-3 2008～2018年北京市城市化系统与设计产业系统耦合协调度变化
Fig 7-3 Change of coupling coordination degree between urbanization system and design industry system in Beijing from 2008 to 2018

期，其中2018年十分趋近于协调发展阶段。就亚类别和子类别来说，2008年城市化滞后处于中度失调的状态；2009年设计产业滞后，但亚类别濒临失调；2010～2013年均处于濒临失调且城市化系统和设计产业系统均衡发展；2014～2017年为中度协调的关系，城市—设计产业综合系统均衡发展；2018年处于高度协调的发展状态，城市化较为滞后。综上所述，2008～2018年亚类型经历了中度失调—濒临失调—中度协调—高度协调四个发展阶段，子类型则是由设计产业滞后逐渐趋于系统均衡发展，最后变为城市化滞后的状态。

7.5 小结

在北京城市化实现快速发展后，起初重视城市发展质量以及对设计产业的投资与支持，两个系统实现了良性且有序的循环。但是近年来北京设计产业在不断加快的同时，城市化水平相对落后，各级政府在发展科技、经济的同时，也需要注重城市化的发展，引进大量优秀人才，完善城市基础设施，加大对第一产业、第二产业、第三产业的投资，提升城市经济发展质量，实现城市—设计产业综合系统均衡且全方位的发展。

8 北京设计产业发展空间趋势预判

设计无处不在，设计因社会经济发展与产业融合愈加多元化，设计产业的发展凭借其对传统横向三产的纵向渗透与辐射，成为现代产业和全球经济建设创新发展的亮点。北京市作为全国政治、文化、国际交往和科技创新建设中心，结合北京市退二进三政策（退出第二产业，发展第三产业），传统高污染、高能耗企业逐步退出，部分区域将设计产业园引入传统重工业区，既保护了工业遗产，同时也提升了区域文化软实力，深度契合北京市长远发展战略，成为北京市建设世界级文化中心重要依托。

8.1 北京市退二进三进展情况

8.1.1 城市退二进三发展思路及北京市城市空间重构特征

依据区位理论及马斯洛需求理论，高度工业化区域受条件制约及居民生活需求特征影响，低效能、高污染产业会在城市化进程中逐渐淘汰，原有优质土地被逐渐盘活，形成投资热土，改善了人居环境。"退二进三"是高度城市化区域发展的必然规律和人文需求，针对"寸土寸金"的大都市区而言，相关政策的实施与推进，可有效破解城市污染、居民居住用地匮乏等多重城市发展瓶颈问题。但城市退二进三进程中往往忽视了工业化进程中的历史文脉保护问题，"大拆大建"严重破坏区域空间结构的问题突出，如何有的放矢进行科学合理的城市空间布局建设成为摆在大型、特大型城市发展面前的首要问题。

以上海为例，作为我国特大型城市的典型和经济中心，2000年左右的一段时期内，既面临严峻的传统城市区制造业衰退、工业用地亟待转型、产业空间亟待重构等现实发展问题，又面临城市发展战略重心调整转向经贸航运，城市发展走向重要历史十字路口。如何提升内生动力、激活城市自主创新能力，成为城市发展方式转变的核心驱动要素。借此契机，上海市大力发展创意产业，并将创意产业引入传统制造业园区，有效破解创意产业发展空间问题的同时，激活了城市创新体系、优化了产业空间格局、实现了城市特殊时期转型，为城市长期繁荣打下了良好的产业发展基础。

北京市自2005年首钢大搬迁以来，尝试退二进三的进程从未停歇。且自2014年明确"全国政治中心、文化中心、国际交往中心、科技创新中心"的城市战略定位、提出建设国际一流的和谐宜居之都战略目标以来，城市发展定位迎来深刻变化，在疏解非首都功能、预期建设用地逐步缩减、生态用地逐步增加的城市战略发展趋势下，伴随北京动物园服装批发市场等典型"落后"产能搬迁，迎来又一次城市产业大升级的历史发展契机。以服装设计、电子商务等新兴产业为代表的现代产业逐步替代"动批"传统"地摊经济"，北京市城市空间结构正迎来深刻的产业升级与内生动力提升等诸多变化。

8.1.2 北京市一般制造业及污染企业关停与产业转型演化趋势

据北京经信委统计公报显示，2013～2017年间，北京市关停污染高耗能及落后产能企业共1992家，且在北京疏解非首都功能战略背景下，这一数字将逐年攀升。产业结构优化、内生动力提升、城市非首都功能疏解，伴随《北京市新增产业禁限目录》（2018）及《北京城市总体规划（2016～2035年）》出台，传统行业中落后产能及非首都功能疏解不力企业将被逐步清退，进而逐步由符合首都功能定位的高精尖产业、将民生保障以及城市运行充分考虑在内，对符合区域布局要求的城市运行服务保障产业保留适当发展空间。在叠加北京新机场以及北京城市向南发展规划下的大兴区域，将是城市发展的"重中之重"，其价值属性已逐渐凸显，大兴依托其独有的产业集群优势，吸引人流、物流等汇聚于此，而在其周边的固安、永清、涿州和霸州也将受益，加速产业聚集。此外，新版本对航空航天、军工和国家重大专项等配套项目、新能源整车制造、新能源专用关键零部件制造、工业机器人制造、节能环保、数控设备制造等高精尖产业明确给予支持。东城区、西城区、朝阳区、海淀区、丰台区、石景山区以及通州区禁止新建和扩建互联网数据服务中的数据中心，信息处理和存储支持服务中的数据中心。数据中心的高能耗问题历来受到重视，从单位GDP能耗上看，数据中心属于能耗大、零污染、投资密集型的项目，而且数据中心属于高技术附加值的现代科技服务业。可见，北京的产业选择更注重节能和环保，这给北京周边的城市承接数据中心提供了绝好的机会（图8-1）。

为更好地贯彻与落实发展高精尖产业精神，北京市经信委在各区对十大高精尖产业进行了详细解读，对各区未来高精尖产业分布也做了初步的规划。北京市政府出台一系列政策确保高精尖产业顺利落地，2017年12月出台的《北京市人民政府关于印发加快科技创新构建高精尖经济结构系列文件的通知》、2018年1月出台的《北京市人民政府关于加快科技创新构建高精尖经济结构用地政策的意见（试行）》，分别从产业选择、产业用地等方面做出明确规定，为构建高精尖产业结构、推动经济高质量发展提供了有力的支撑（图8-2）。

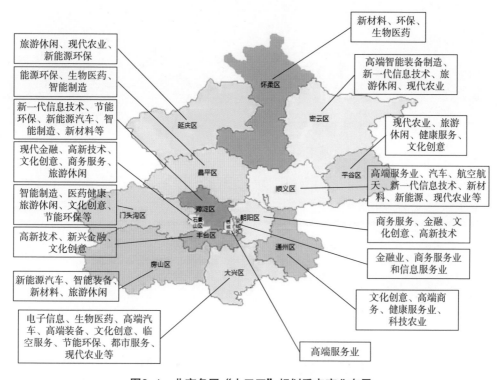

图8-1 北京各区"十三五"规划重点产业布局
Fig 8-1 Layout of key industries in the 13th Five-Year Plan of Beijing's districts
数据来源：北京市各区"十三五"规划

综合各区"十三五"规划以及北京市经信委的产业规划地图来看，各区"十三五"规划在产业选择上以高端、先进的产业为重点发展方向，北京经信委将各区的产业布局进行了更进一步的细化，产业选择更加聚焦。北京在选择高端产业的同时，产业疏解也在不断完善。2018年12月，京津冀三地联合发布产业转移承接设置"2+4+46"个重点平台，这有助于优化区域产业布局，打造优势产业集群（图8-3）。

优化布局促发展

□ 高精尖产业布局建议

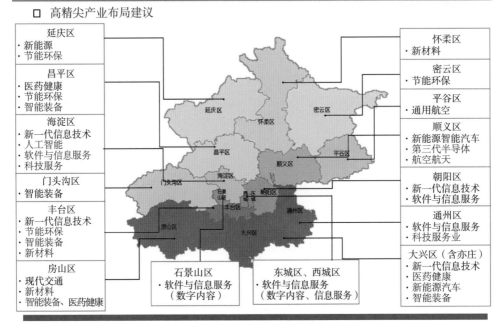

图8-2　北京各区高精尖产业布局
Fig 8-2　Layout of high-precision industries in Beijing's districts
数据来源：北京市经济和信息化委员会

　　从北京市城市总体规划及各区规划以及产业限制目录等来看，北京发展高端产业的指向性明显。那当前北京的企业分布如何？北京各行业的企业分布情况如何？我们借助智联招聘以及高德地图等相关数据，对当前在京企业分布进行分析。从图上可以看到，亮度较大的是上地、中关村、国贸、望京、总部基地、亦庄等地区，区域分布明显，这些区域也容纳了北京绝大部分上班族。从北京企业的分布情况来看，相对比较集中，各产业已经形成比较成熟的产业集群（图8-4）。

　　作为企业的重要载体，产业园区的分布也可以在一定程度上反映企业的区域聚集度。从图8-5中可以看出，上地、宋庄、亦庄等区域是目前北京产业园聚集最密集的区域，像上地的中关村软件园、百度科技园、国际科技创业园等；亦庄的小米产业园、中国云计算产业园、亦庄机器人产业园等以及宋庄的云端产业园、宋庄文化创意产业园、迪9文化产业园等众多园区在此聚集，其相应的产业

京津冀产业空间布局结构图

五区五带五链

五区：
北京中关村
滨海新区
曹妃甸区
沧州沿海地区
张承地区

五带：
高新技术产业带
沿海临港产业带
特色轻纺产业带
先进制造业产业带
绿色生态产业带

五链：
汽车产业链
新能源装备产业链
智能终端产业链
大数据产业链
现代农业产业链

制图/焦剑 康剑

图8-3 京津冀产业空间布局结构图
Fig 8-3 Industrial spatial layout structure of Beijing, Tianjin and Hebei
数据来源：北京日报

审图号：京S（2023）001号

定位也相对明确。

在北京分布的数万家企业以及上百家园区中，不乏优质行业龙头企业，其在聚集产业方面也起着重要的作用。那北京的产业发展状况如何？都是哪些产业占据着行业主导？结合之前北京市统计数据来看，在汽车制造业、医药制造业、金融业等六大支柱产业中，自然也少不了企业的加入，那这些企业都分布在哪些区域呢？首先来看汽车制造业，顺义、大兴等地的汽车制造业企业相对比较集中，例如，2017年北京有近一半的汽车产自顺义，大兴区汽车及交通设备产业占规模以上工业总产值比重达42.6%，这些区域的产业基础也自然不可小视，如顺义的北京汽车生产基地、大兴的北汽新能源采育基地等，相应的汽车产业链也在此聚集（图8-6）。

图8-4 在京企业分布情况
Fig 8-4 Distribution of enterprises in Beijing
数据来源：智联招聘，高德地图

图8-5 北京市产业园分布
Fig 8-5 Distribution of industrial parks in Beijing
数据来源：高德地图
审图号：京S（2023）001号

图8-6　北京汽车制造业企业分布
Fig 8-6　Distribution of automobile manufacturing enterprises in Beijing
数据来源：智联招聘，高德地图

　　作为北京六大支柱产业的医药制造业，其企业的分布都有哪些特点呢？从图上可以看出，以昌平、大兴为主的区域，聚集了较多的医药制造企业，如昌平新疫苗产业基地、大兴的同仁堂制药厂等。而这些地区聚集了众多的医药研发机构，如中国医学科学院、中国中医科学院、北京生命科学研究所、诺和诺德等知名医药研发机构，产业聚集效应明显（图8-7）。

　　在北京六大支柱产业中，占比最大的当属金融业，我们结合智联招聘数据，对北京市基金、证券、期货、银行、信托、典当、担保、保险等企业进行梳理。从图8-8中可以看出，金融街、中关村以及CBD区域的金融机构聚集度最高，也代表了行业高级业态的存在。如西城区王少峰区长在"2018金融街论坛年会"上提到，截至2017年年底，金融街区域的金融机构资产总规模达到99.5万亿元，占全国总规模的近40%，其中一半以上为新兴金融业态；而CBD区聚集了众多的国内外知名银行、保险公司等国际金融机构以及国际货币基金组织、世界银行、亚洲开发银行等国际金融组织的分支机构；中关村作为最成熟的创新创业基地，聚集了大量的科技创新企业，这里自然也少不了金融机构的参与。

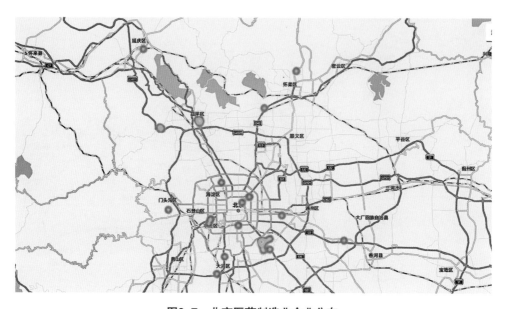

图8-7　北京医药制造业企业分布
Fig 8-7　Distribution of pharmaceutical manufacturing enterprises in Beijing
数据来源：智联招聘，高德地图

　　在2017年北京GDP占比中，次高的信息传输、软件和信息技术服务业分布也较为明显，以与其相关的IT服务业为例，上地、中关村、国贸、望京、总部基地等区域企业聚集比较明显，百度、360等众多行业龙头企业聚集于此，也带动了一大批相关企业在此入驻（图8-9）。

　　从北京产业发展规划以及产业限制目录来看，北京市将重点发展新能源汽车、高端装备、新材料、节能环保、航空航天、生物医药等制造业以及金融业等高端服务业。结合北京产业规划以及现有产业基础来看，东、西城区金融业等高端服务业相对比较发达，产业优势明显；朝阳、海淀、丰台、石景山、通州等区在制造业选择上仅支持研发、中试等非生产制造环节，对于目前尚存的一些加工制造环节的企业（如医药制造业、汽车制造业等）面临着外迁的问题，未来，这些区在产业选择上以高精尖产业（如新能源汽车、高端装备等）的研发设计环节以及新材料、人工智能、软件信息服务、新兴金融等为主。

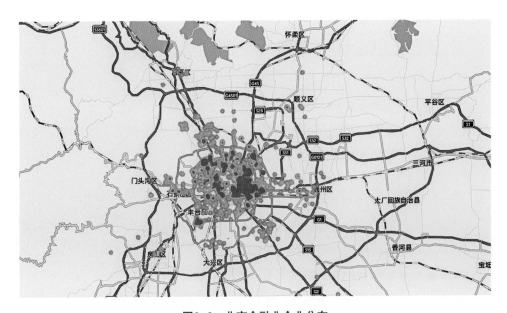

图8-8 北京金融业企业分布

Fig 8-8 Distribution of financial industry enterprises in Beijing

数据来源：智联招聘

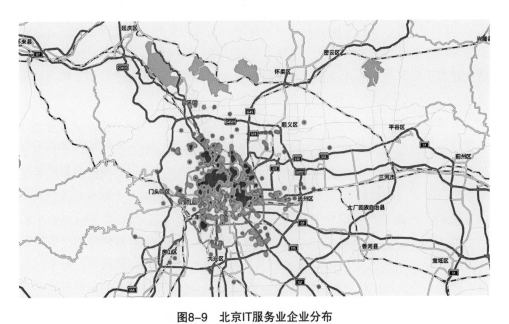

图8-9 北京IT服务业企业分布

Fig 8-9 Distribution of IT service industry enterprises in Beijing

数据来源：智联招聘

8.2 北京设计产业发展空间趋势演化特征

全面分析文创产业园区发展对北京市的意义及贡献，结合目前文创产业园区的分布情况，参考北京市二产退出后腾出的空间分布情况，预测文创产业园区和设计产业未来空间拓展趋势。

8.2.1 北京市设计产业空间演变与二产清退空间拟合分析

随着知识经济、信息经济的深入发展，文化创意产业成为全球经济增长的重要支撑点，不仅为许多国家带来巨大财富，而且有利于文化理念的广泛传播。北京作为我国首都，在各城市发展中起着表率和引领作用。文化创意产业进入21世纪以来得到了飞速的发展，于"十一五"期间就被确立为重要的战略发展目标，经过"十二五"和"十三五"时期的发展取得了巨大成就，在未来的发展中将仍然为北京市提供源源不断的动力。文化创意产业对于北京经济的发展表现出越来越大的贡献作用，北京市文化创意产业已变为北京市的重点支柱性产业，对提升北京市经济实力和国际影响力起了重要作用。文化创意产业由英国首先创立，成为许多西方发达国家进行软实力竞争的重要引擎。虽然我国历史源远流长，文化博大精深，但文化产业化成长缓慢，起步相比许多西方发达国家较晚，但却发展迅猛。

近年来，空间因素在文化创意产业发展研究方面逐步受到关注，学者分别从宏观层面、微观层面和中观层面进行了深入研究。微观层面上，主要以文化创意产业园区和文创企业为研究对象[213]。由图8-10可知，北京市创意产业企业数量众多，呈现向心性特点，文化创意产业企业分布极不均衡，主要分布在北京市的东南部。东南部的密度相对较高，周围的密度由中心向四周发散减小。中心四周的创意产业企业也出现了小范围的集聚效应。中心区域发展水平远高于周边区域，虽然具有一定的空间集聚特征，但是空间集聚水平不高，局部形成显著空间集聚状态的区域仍然属于个别现象，且绝大部分区域表现为低—高集聚或低—低集聚，只有极少数表现为高—高集聚状态，区域之间没有形成较好的互动效应。

由图8-11可知，北京市共有241家创意产业园，创意产业园数量众多，北京

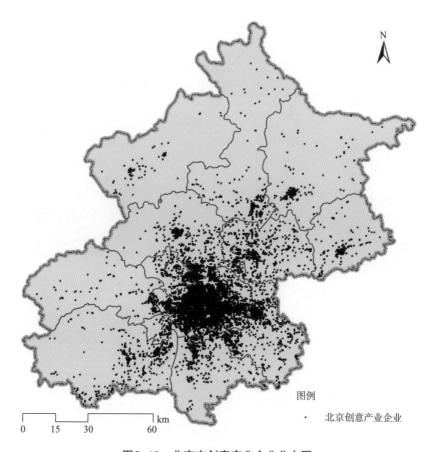

图8-10 北京市创意产业企业分布图
Fig 8-10 Distribution map of creative industry enterprises in Beijing

市创意产业园具有明显的集聚效应，形成了多个集聚中心，集聚中心与周边差距大。北京市主城区包括东城区、西城区、朝阳区、海淀区、丰台区、石景山6个行政区。其中朝阳区、东城区、西城区、海淀区4个行政区集聚了北京市大部分的文化创意产业，由此形成了4个创意产业园集聚中心。集聚中心文化资源和政策支持众多，得天独厚的文化资源禀赋，是孕育文化创意产业的摇篮[214]，部分文化创意产业园区历史文化悠久，由大企业旧址发展而来，例如中关村雍和航星科技园以诺基亚和平里工业园为前身，"新华1949"文化金融与创新产业园由北平新华印刷厂发展而来。东、西城区地理位置优越，各方资源雄厚，文物遗迹众多，古都风貌与新兴创意相结合，文化创意产业基础雄厚。朝阳区的文化创意产业数量最多，其次是海淀区，然后是东城区和西城区。集聚中心周围的其他行政

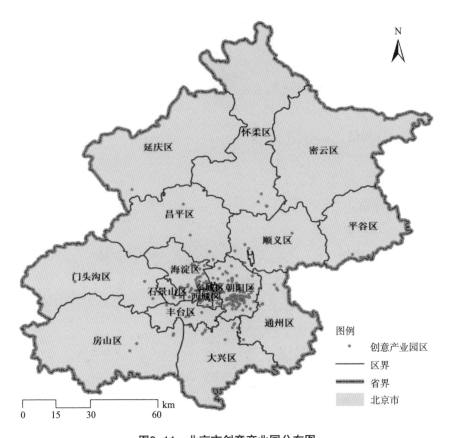

图8-11　北京市创意产业园分布图
Fig 8-11　Distribution map of creative industry parks in Beijing

区如石景山区、丰台区、通州区、顺义区、昌平区等有少量的创意产业园区。此外，北京市最外围的行政区创意产业园极少，密云区1个、平谷区2个、延庆区1个、门头沟区3个、房山区4个。创意产业园集聚中心的密度高，其他靠近中心行政区域密度较高，外围区域仍然处于低水平。

　　城市公共交通对于城市发展来说既是一种标志，也是一种助力，在城市经济发展的过程中，城市公共交通发挥着十分重要的作用，尤其是在当今社会中，城市公共文化的发展逐步呈现出体系化和系统化，促进了城市经济的发展。北京市公共交通呈现中心向外辐射的现象。中心的公共交通可达范围十分广泛，且中心的南部较中心北部更为密集。西南部、西部、西北部公共交通可达范围网比较稀疏。交通可达性简称可达性[215]，受到不同研究领域学者的广泛关注，因此产生了对可达性概念的不同理解，至今对于可达性仍然没有统一的定义。一般来讲，可达性可以理解为利用某种特定的交通系统从某一给定区位到达活动地点的便利程度[216]。可达性水平高低是由区域交通运输情况和交通相互通达的综合条件状况所反映的，两者之间的联系主要体现在区域交通与经济一体化之间的关联，交通可达性高经济水平相对较高（图8-12）。

由图8-13可知，北京市月租房月均租金差异巨大，最高98000元，最低650元，之间相差150倍，且集聚情况突出，按照月租房价高低成片分布。47501～98000元/月价位的月租房数量极少，主要集聚在朝阳区中心区域。11801～24300元/月和24301～47500元/月价位的月租房数量相对较少，主要分布在朝阳区、海淀区东部、昌平区东南部、顺义区西南部。5369～11800元/月价位的月租房数量较多，主要分布在朝阳区西部、东城区、西城区以及海淀区东南部。650～5368元/月价位的月租房的数量占整体的1/2，主要分布在中心区域四周。月租房价位

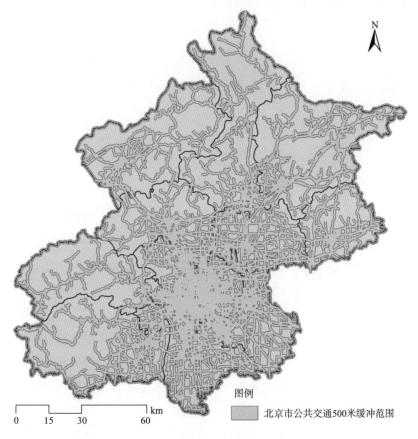

图例

　北京市公共交通500米缓冲范围

km
0　15　30　　　60

图8-12　北京市公共交通可达范围
Fig 8-12　Reach of public transportation in Beijing

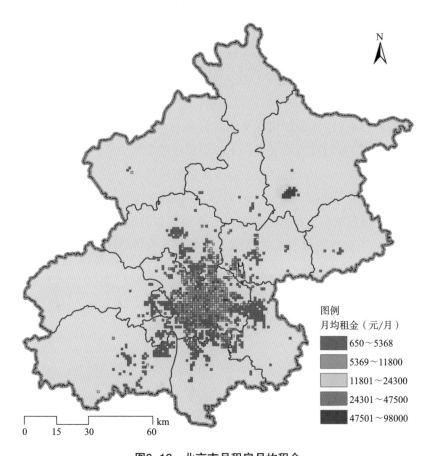

图例
月均租金（元/月）

■	650～5368
■	5369～11800
□	11801～24300
■	24301～47500
■	47501～98000

图8-13 北京市月租房月均租金
Fig 8-13 Average monthly rent of monthly housing in Beijing

差异巨大主要有以下两点原因：一是创意产业园分布程度。创意产业主要分布在主城区。主城区的创意企业，国际化资源丰富、商务氛围浓厚、企业综合实力雄厚、就业机会多。二是交通便捷程度。中心区域交通便捷，通勤方便，可节省大量时间。边远地区交通不便，通勤时长，时间成本增多。

由图8-14可知，北京市设计行业招聘平均薪资高低受地区影响明显，同时还受到交通通达度、创意产业园分布位置及房租价位三方面的影响。平均薪资在7201～9273元/月和9274～13100元/月的数量较多，分布较为集中，主要分布在朝阳区西部、东城区、西城区及海淀区的东南部，成片分布，这部分人员是设计行业中的精锐。平均薪资在1000～5222元/月的数量多且分散，呈点状分布，除了中心的朝阳区、老城区、海淀区等，周围的密云区、怀柔区、通州区等都有分

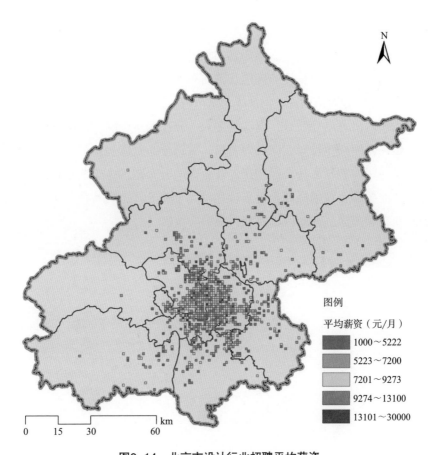

图8-14 北京市设计行业招聘平均薪资
Fig 8-14 Average salary of recruitment in the design industry in Beijing

布，分布面积大，这部分人员从事的是设计行业的基础工作。平均薪资13101～30000元/月数量少，主要分布在朝阳区等主行政区中心附近，这部分高薪资人员是北京创意产业企业的领导层和高级技术人员。从北京市设计行业招聘的平均薪资来看，各区域间差距较大，呈现出中心高、四周低的现象。"办好中国的事情，关键在党，关键在人，关键在人才。"当今中国，人才问题已经成为关系到党和国家事业发展的关键问题，人才资源是党和国家最宝贵的财富，是社会主义现代化建设的第一资源。人是生产力的第一要素。就人力资本而言[217]，创意是文化创意产业的核心要素，需要充分发挥人的主观能动性，人才是文化创意产业发展的灵魂，形成企业创新能力的决定性力量。通过专业人才的培育，能够提高文化软实力，增强全民文化素质，加快文化创意产业的发展步伐。

由图8-15可知，创意产业企业重心、创意产业招聘企业重心、北京租房小区重心都在西城区。标准差椭圆法[218]是分析空间分布方向性特征的经典方法之一。椭圆的大小反映空间格局总体要素的集中程度，偏角（长半轴）反映格局的主导方向。图中创意产业企业的椭圆长轴向东北—西南方向延伸，创意产业企业椭圆短轴长，数据分布范围大，包括了北京市14个区，长短半轴的值差距大（扁率大），东北—西南方向性明显，离散程度大。北京租房小区的椭圆长轴向东北—西南方向延伸，椭圆短轴短，向心力明显，数据分布范围包括朝阳区、东城区、西城区、海淀区、顺义区等，但创意产业企业的分布范围大于北京租房小区的范围。创意产业招聘企业的椭圆长短半轴几乎完全相等，方向特征不明显，数据分布范围主要在朝阳区、东城区、西城区等中心城区。

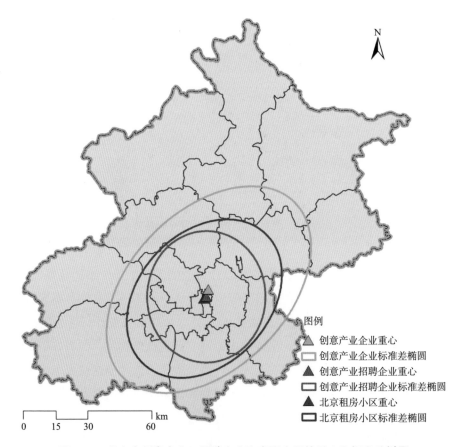

图8-15 北京市创意产业、招聘企业和出租小区的重心和标准差椭圆
Fig 8-15 Cores and standard deviational ellipses of Beijing's creative industries, recruiting enterprises and rental communities

8.2.2　北京市设计产业空间结构与演化趋势

结合产业规划分析产业空间演化趋势，进而分析设计产业空间结构及演化趋势。随着新技术的诞生，全球的设计产业处在高速发展时期[219]。国内的设计产业起步较晚。1984年，北京举办了全国美展，中国的设计产业由此开始起步[220]。1995年，北京市工业设计促进中心成立。1999年，第九届全国美术作品展新增了"艺术设计"部分，预示中国在设计领域有了突破性的进展。2005年，北京提出将设计产业作为首都经济未来发展的支柱之一[221]。在之后的数年中，设计产业及其相关文化创意产业进入快速发展时期。北京作为中国的首都，紧跟全球发展步伐。设计产业是北京市现代生产性服务业的重要组成部分和文化创意产业发展的重点。近几年中国设计产业发展速度逐渐加快，这与政府和企业的重视程度的提高、整个国家经济的飞速发展、制造业的日渐成熟、企业的重视、设计队伍的壮大、悠久的城市历史、厚重的文化底蕴等因素都有很大关系。与此同时，由于处在全球化这个大浪潮中，中国面临国际化竞争，设计成为企业差异化战略的重要内容，从而得到广泛的采用。但是，从设计产业的发展阶段来看，我国至今还处于起步阶段，与美国、德国等发达国家的差距依然很大。因此，国家与北京市出台了一系列的文件政策推动北京设计产业的发展。

（1）北京设计产业政策现状

近年来，在全市文化创意产业政策的支持下，北京市设计产业政策体系也日益完善，并得到了较快发展。这得益于北京市设计产业政策符合设计产业发展的趋势和需求，较好地起到了规范和引导全市设计产业发展的作用。同时，全市设计产业政策体系较为系统，对设计产业发展的关键环节和重点领域，提出了较为明晰的发展方向，并制定了一系列的扶持政策。目前，北京市设计产业政策呈现以下特点：①政策种类丰富。从目前北京市设计产业政策体系上看，主要包括规划引导型政策、专项扶持型政策、协调推进型政策、监督管理型政策等（表8-1）。政策种类不断丰富，且政策逐渐有针对性。②政策颁布主体多元。既有北京市人民政府出台的相关顶层设计，又有中科院、北京市文资办、北京市知识产权局等部门提出的专项规划。由此可以看出国家及北京市政府对设计产业的重视。③政策范围结构复杂。一类是明确以"设计产业"为主体的产业政策；另一类是未明确涵盖"设计产业"的政策，但是明确的"设计产业"仍然为主体。

表8-1 北京市设计产业政策

Tab 8-1 Design industry policy of Beijing

政策类型	主要政策名称	主要作用	预期目标
规划引导型政策	《北京市促进设计产业发展的指导意见》（2010年）发布单位：北京市人民政府	从宏观层面引导了北京设计产业在未来的发展。对于全市设计产业的发展起到了重要的指导作用	推进"人文北京、科技北京、绿色北京"和北京世界城市建设，提升自主创新能力，加快经济发展方式转变，建设中关村国家自主创新示范区，支持本市各类设计创新活动
	《北京"设计之都"建设发展规划纲要》（2013年）发布单位：北京市人民政府		促进产业振兴，提升城市品质，打造卓越品牌，强化队伍建设，将北京建设成为以人为本、充满活力、富有魅力、具有较强辐射力和影响力的国际"设计之都"
	《北京技术创新行动计划》（2014～2017年）发布单位：北京市人民政府		为坚持和强化北京作为全国政治中心、文化中心、国际交往中心、科技创新中心的城市战略定位，进一步加快北京市技术创新体系建设和产业发展
专项扶持型政策	《关于进一步鼓励和引导民间资本投资文化创意产业的若干政策》（2013年）发布单位：北京市人民政府办公厅	从资本投资、集聚区建设、功能区建设方面能够给予文化创意产业（包括设计产业）发展的优惠政策。引导文创产业集群化、差异化、特色化发展	进一步引导民间资本投资文化创意产业，充分发挥民间资本在盘活文化资源、创新文化发展等方面的重要作用，巩固提升首都全国文化中心地位，推动首都文化大发展大繁荣
	《关于促进中关村国家自主创新示范区集成电路设计产业发展的若干措施》（中科园发〔2016年〕37号）		为加快推动中关村国家自主创新示范区（以下简称中关村示范区）集成电路设计产业发展
	《北京市文化创意产业功能区建设发展规划（2014～2020年）》和《北京市文化创意产业提升规划（2014～2020年）》发布单位：北京市人民政府		加快促进要素聚集与产业链分工协作，引导区县文化创意产业特色化、差异化、集群化发展，推动全市文化创意氛围提升、经济转型升级、城市功能优化调整和经济社会的全面可持续发展
协调推进型政策	北京市出台《关于推进文化创意和设计服务与相关产业融合发展行动计划（2015～2020年）》发布单位：北京市文资办	协调北京市政府各部门之间、设计产业与其他各产业、行业、门类之间的关系，优化资	可以预期，未来文化创意和设计服务将是蓄积和增强实体经济发展能量的内生动力和强大引擎

政策类型	主要政策名称	主要作用	预期目标
协调推进型政策	北京市出台《关于推进文化创意和设计服务与相关产业融合发展行动计划（2015~2020年）》发布单位：北京市文资办	源配置，从而促进设计产业与其他产业、城市建设等方面的协同融合共同发展，进而提升北京设计产业的综合竞争力	可以预期，未来文化创意和设计服务将是蓄积和增强实体经济发展能量的内生动力和强大引擎
监督管理型政策	《北京市保护知识产权工作方案（2006~2007年）》发布单位：北京市人民政府办公厅	确保了北京市设计产业的健康发展，政府在其中扮演监管者的角色	加强保护知识产权工作，进一步改善首都保护知识产权环境，促进创新发展，努力把北京建设成为保护知识产权首善之区
	《进一步推动首都知识产权金融服务工作的意见》（2015年）发布单位：北京市知识产权局		加快促进知识产权资源与金融资源融合，服务北京科技创新中心建设
	《加快发展首都知识产权服务业的实施意见》（2017年）发布单位：北京市知识产权局		加快首都知识产权服务业的发展，服务北京科技创新中心和文化中心建设

　　在一系列政策的支持下，北京已经有了相对完整的设计产业链条，设计产业呈现一片繁荣的景象。像建筑设计、规划设计、工业设计、集成电路设计等优势行业如雨后春笋般出现，与之相关的产业也得到发展。北京设计产业的国际地位日益凸显，国际化水平不断提高，大国风范展现无遗。北京是全球前十名的国际会议城市，每年举办的国际会议超过5000场，还成功地举办了北京国际设计周、北京服装周等400余场设计活动[222]。

（2）北京设计产业政策方面的问题

　　在实施了众多设计产业政策之后，北京市设计产业得到了较快发展，主要表现在设计产业整体实力不断得到提升、产业集聚发展态势逐渐显现，设计产业新市场不断扩大，设计产业品牌影响力不断提高。但是，由于设计产业政策的时效性问题以及多变的外部环境，设计产业在部分领域中的政策实施仍然有一些效果不显著，主要表现在以下四个方面：①政策体系系统性不够完整、政策稳定性和连续性较差、专项政策不足以解决相关领域的问题等。这些问题共同导致政策实施效果不佳。②政策下达之后，相关机构执行力度不够、相关执行机构共同合作时沟通协调不够，导致部分设计产业政策无法得到有效释放。③部分规划引导型政策内容多且程序复杂、政策的实施方式无法满足市场的需求、政策服务过程中"重申报、轻监管"等问题，使相关职能部门的政策服务质量无法始终保持高水平。④由于政策申请手续复杂、门槛高、信息渠道杂乱等因素，许多相关企业无法享受到相关优惠政策。除此之外，大部分企业表示，相关设计产业政策力度小、操作性困难、落实性不够，这也是影响相关政策实施效果的重要原因。因此，许多企业在发展过程中，仍然希望有大量的资金、开放的市场、高素质专业型人才等一些更加完善和具有操作性的政策支持。

（3）北京市设计产业政策建议及对发展趋势的预判

设计产业是一个朝阳产业，在今后必然会给我国的经济发展带来越来越重要的影响。因此，针对设计产业政策出现的问题应该做出以下改变。加强设计产业政策的顶层设计。树立设计产业整体观，统筹兼顾协调推动设计产业发展。在整体发展的基础上，打破各部门之间的工作壁垒，完善设计产业的管理体制机制，有效整合涉及设计产业的相关管理部门。真正将《北京市促进设计产业发展的指导意见》中的"建立北京市推进设计产业发展工作领导协调机制"落到实处。设计产业的发展要由北京市科委牵头，联合其他职能部门，团结各领域精英，研究拟订北京市设计产业发展的政策、共同商讨协调解决北京市设计产业发展中的重难点问题，加强政策协调性和连续性，避免多头管理、各自为政引起的沟通障碍和冗繁的手续。而从当前来看，除了《北京"设计之都"建设发展规划纲要》以外，再没有类似的综合性、宏观性行业发展专项规划出台。而《北京"设计之都"建设发展规划纲要》的实施年限就到2020年底，所以亟须制定出台新的发展规划，来引领北京设计产业在新形势、新趋势下的发展。

根据之前政策和产生的问题，未来北京市设计产业发展可能将呈现以下趋势：①坚持创新驱动，创新是第一动力，习近平总书记说过，中国要走创新驱动道路才能真正强大起来，因此要走创新驱动发展道路，提升设计产业科技含量和科技成果转化能力，提高设计产品质量，培育一批具有影响力的中国特色设计品牌。讲好中国故事，展示中国形象，弘扬中国精神。②坚持结构优化，调结构、促升级始终是产业发展的中心任务。加强设计产业集聚区建设，形成规模化发展，构建完善设计产业体系。③坚持人才为本，人才是构建产业新体系的骨干力量，产业强国一定是人才强国，因此要大力培育骨干设计企业和高素质专业人才，扶持壮大中小设计企业。④走融合发展道路，促进设计产业与其他产业的融合、加快产业结构优化、链条整合，增强设计产业对经济社会发展的带动作用，推动首都城市升级。⑤走协同发展道路，贯彻落实京津冀协同发展战略，发挥北京设计产业的龙头作用，促进京津冀三地设计产业生产力的合理布局，实现三地的优势互补、良性互动和协同发展。⑥坚持开放合作，在经济全球化时代，产业要发展壮大，开放合作是必由之路。走对外开放合作道路，强化北京"设计之都"建设，搭建设计产业对外开放平台，提高设计产品"走出去"水平。⑦坚持绿色低碳设计产业发展理念，绿色低碳环保发展是实现可持续发展的关键举措。大力践行"绿水青山就是金山银山"的新发展理念，履行节能降耗和生态社会环保社会责任。近年来，绿色低碳已经成为世界经济发展的重要潮流。从顺应国际趋势的角度看，绿色低碳也是必然选择。

8.3 小结

北京市设计产业伴随城市空间退二进三进程不断推进，产生产业空间重构，传统一般制造企业与污染企业被新兴产业替代，部分工厂型企业，在避免大拆大建城市建设思路下，逐步引入设计型企业进驻，带动了北京设计产业快速进驻主城区域，产业空间发生显著重构。发展工业设计，是国家改革开放以来十分重视亦是十分迫切的现实需求。但发展设计产业不仅仅是空间结构演替，产业发展离不开规模经济资本投入，工业设计产业也不例外，且工业设计研发投入与众多产品研发具有相通之处，即需要政策扶持和前期大量资本投入，创新成本与效率是设计产业生存的关键。设计产业发展取决于现实需求，现实需求驱动设计产业快速发展，伴随北京城市产业更替，设计产业成为不可或缺的新兴产业。产业兴旺需以人才为基础，人才培养是工业设计可持续发展的命门，顶级工业设计人才需具备管理、营销、广告等相关学科专业知识，并具备信息技术与信息收集、消费心理学与决策学、相关法律法规与商业运作方法等多重能力。如何培养工业设计人才成为提升北京设计人才涵养量的重要课题。中国正面临改革发展阵痛期，高质量发展亟须工业设计予以支持。工业设计领域公共服务及基础研究的供需不平衡，一定程度上影响了制造业提质增效，拓展设计产业链将会是影响北京设计产业空间演化的重要驱动力。

9 北京市设计产业发展对策建议

在充分梳理与总结发达国家和地区推动设计产业发展经验、国内针对设计产业出台的现有政策以及国内"设计之都"手段的基础上，提出通过发展"大设计"产业，积极培育设计产业品牌、积极培育设计龙头企业等方面，努力推动设计产业发展壮大，通过产业融合思路推动设计产业发展，发挥政府作用推动设计产业发展。

9.1 推动设计产业发展壮大的策略

9.1.1 发展"大设计"产业

（1）突出"大设计"的产业概念

在产业层面，突出"大设计"的产业概念，推动设计本身的跨界，打破固有的工业设计、服装设计、电脑动漫设计、工程设计等分支领域设计的思维界限，实现各个设计分支领域的相互支撑、相互渗透，实现协同创新；在政府层面，推进设计与科技、文化、其他产业的融合，在审批和支持项目时，增加对"设计指标"的考核，并将其作为衡量项目是否立项或验收的重要标准之一，以提高企业对设计的重视程度，让设计更好地服务于科技创新；在教育观念上，应改革实际院校的教育理念、教学方法和人才培养模式，致力于培养一批综合型、研究型、实践型、应用型和多元化的设计人才，只有这样才能在当今全球发展的大趋势、大环境下立于不败之地。

（2）加强设计产业的生态系统建设

应尽快搭建政府、企业、高校、科研机构乃至各路行业企业合作的平台，形成"政、产、学、研、媒、用、金"协同的设计创新生态系统。同时，建立人机、生活方式模型、设计机构、设计人才、设计教育等方面的基础数据库，并纳入国家设计战略规划层面予以考虑。

相关部门应针对国内外设计的应用与作用开展研究，总结北京产业生态系统的现状，使财政资金适当向设计支撑科技成果转化和集成应用的项目倾斜，以推动设计服务与相关产业融合发展。支持制造企业应用设计转化成科技成果，实现自主创新和发展方式转变，做强做大，参与国际市场的竞争；推动高增长型中小企业运用设计实现技术与艺术的集成创新，实现专业领域的新突破，做专做精，实现自身的跨越式发展。同时，深入实施首都知识产权战略，健全知识产权创新、运营和保护体系。加大知识产权保护力度，构建有利于设计产业发展的产权制度。

9.1.2 树立品牌意识、积极培育设计产业品牌

品牌是生产力，也是竞争力。中原文化历史悠久、博大精深，最重要的是要塑造知名文化品牌，进一步树立品牌意识，优化品牌发展环境，品牌提升、振兴、培育和引进多维并举、相互促进，全面引导企业发挥主体作用，加强品牌能力建设，支持和鼓励多元投资主体，以资本为纽带，加快品牌的市场化运行，推动实现以品牌为核心的设计产业发展新模式。

（1）积极打造品牌企业

打造品牌企业可以有三种途径。一是打造品牌集团，鼓励有条件的企业将优势品牌经验复制延伸，通过并购等市场化手段推进品牌跨行业集团化发展，建立各子品牌之间的管理、研发、营销、资金等共享机制，打造设计品牌集团。二是提升品牌价值，支持品牌企业创新品牌发展模式，通过研发创新、品牌宣传、资本运作、国际合作、交流展示、国际质量认证等方式，提高品牌价值。三是鼓励品牌扩张，推动强势品牌国际化发展、区域品牌全国拓展、本地品牌区域扩张，打造一批国际品牌，形成设计产业的城市名片。

（2）积极开展品牌振兴战略

北京拥有一定数量的老品牌和老字号，应鼓励与设计相关的老品牌和老字号企业在传承中创新，提升品牌附加值，加大出口力度，拓展国内外市场，彰显城市品牌发展的文化底蕴和地域特色。推进市场化运作，鼓励与设计产业相关的老品牌、老字号企业经价值评估，以开放性市场交易。

（3）积极开展品牌培育

实施滚动培育扶持，滚动培育和扶持品牌发展，使企业的品牌创新意识明显增强，产业的市场竞争力和品牌管理能力明显提高，形成一批国内设计产业原创品牌。与此同时，搭建品牌培育平台。建立一批促进创新、成长、升级的服务平

台，使品牌发展环境进一步得到优化、努力打造设计品牌群化培育中心、设计品牌集聚辐射中心和设计品牌交易运作中心。

（4）积极引进国际品牌

一方面，吸引国际品牌，顺应国际消费品企业总部和研发中心向中国转移集聚的趋势。以更加开放包容的态度引进国际设计品牌，逐步使国际设计品牌由零售向上下端延伸拓展，鼓励其将研发、展示、发布等产业环节落户。另一方面，引进国内品牌，充分依托城市的地域、市场和品牌优势，大力引进国内知名设计品牌入驻，重点促进研发设计和品牌营销环节发展。

9.1.3 积极培育设计产业龙头企业

（1）推动本土设计企业创新升级

一是加强对企业设计的资金扶持。推动服装服饰、黄金珠宝、电子数码、化妆品、家具用品等企业利用设计理念，通过技术改造、科技应用、创新示范、人才引进等手段，优化产品结构与技术层次，创新经营理念与商业模式，率先实现从传统制造代工模式向高附加值化、复合化、多元化产业模式转变。二是制定传统设计企业转型升级路线。引导设计类企业积极申报高新技术、创建研发中心和推进信息化建设。组建设计企业创新发展专家团队，定期开展企业案例诊断辅导工作，协助企业探索设计升级的新途径和新模式。

（2）推进创意设计企业开展跨领域合作

一是推动企业产业环节的充分延展。依托市场优势，积极向研发、艺术、会展、广告、制造、商贸等环节延伸，促进设计企业实现跨领域发展，完善"研发—采购—展示—贸易"的设计全产业链经营模式。二是创新设计企业跨界合作模式。搭建设计企业跨领域合作与交流平台，推进设计产业联盟建设，形成以骨干行业、龙头企业为核心的设计产业链协同推进模式。鼓励通过兼并重组、上市融资、业务合作等方式，构建品质化、高端化的设计品牌形象。

（3）鼓励设计企业开展国内外战略合作

一是推进企业实现跨区域发展。推动设计企业与国内外知名设计企业集团在品牌运作、业务对接、经营管理、市场开拓等领域开展深度合作；扩大开放，为企业开展国际化提供各类信息、资金和政府扶持。二是搭建高端国际性交流与合作平台。定期开展设计行业领域相关企业的对接与交流活动，为设计企业开展国际性交流合作创造条件和环境。助推设计企业"走出去"，进一步拓展国内外市场。

（4）助推设计企业多元化扩张

一是鼓励企业实施全球化布局。推动设计龙头企业实现在全国乃至全球的战略布局。鼓励设计品牌在国内外开设品牌专卖店以及在国内外发达城市的地标性商圈开设专柜，全面扩大设计品牌的影响力。二是支持企业实施多品牌战略。筹建专家顾问团队和设计产业联盟，推动企业通过挖掘细分市场，实施多元化品牌战略以获得持续发展，适应设计流行趋势，积极推动个性化产品和品牌创新。提升设计的产业价值和消费者认知、认同水平。

（5）鼓励企业之间的良性竞争

在"企业竞争环"中，企业之间的竞争促使企业进行自主研发，同时也促进国外技术的引进。虽然技术的升级会导致成本的增加，但是新技术会提升技术人员的研发能力，带来新的技术产品，然后促使产品销售量的增加，从而促进设计产业的发展，而设计产业的发展会再次引起企业之间更激烈的竞争。一般来讲，这种竞争可以筛选出优秀的企业，甚至出现核心企业。北京市应鼓励设计类企业之间的良性竞争，主要有以下两个途径：其一，实行差异化的竞争策略。设计产业分很多领域，没有企业可以垄断所有领域。因此，应努力推行差异化的竞争策略，让企业发挥自身优势。其二，企业自身应在产品质量和服务中做足功课。企业实力的提升才是在竞争中获益的最好保证，只有在产品中不断创新，在服务中建立良好的口碑，才能在市场中占据优势，从而促进设计产业的成长。

9.1.4 搭建设计产业的交流平台

（1）搭建设计产业国际交流共性服务平台

进一步梳理现有国内各类机构、组织、活动与国内外政府、中介组织、社会团体、专业机构之间的交流渠道，整合细分行业中类似国际交流行为和活动，统筹政府、企业、高校、行业协会、社会资本、中介机构等部门，形成合力，并建立定期机制，共同打造具有国际知名度与影响力的国内外设计产业交流平台。同时，吸引具有国际、国内影响力的大型品牌活动落地，把设计产业交流推上新台阶。完善国际设计产业交流服务功能，提供管理有序、运作高效、功能齐全的服务，提供充足的与国际设计产业交流相关的资金、项目和人才，提供检索便捷、内容广泛、及时更新的国内国际设计产业交流信息查询系统。

（2）创办设计产业国际交易的共性服务平台

充分依托金融资源、会展经济、媒体力量，依托现有的文化类服务贸易平台，进一步对接已经形成的产权交易机构，形成覆盖面广、功能完备的设计产业交易平台，打造设计产业贸易盛会。以设计产业交易功能，形成高度的社会公认性和国际范围内的认知，吸引各种有利于设计产业的资源和能量集聚归拢。

（3）打造设计产业国际休闲共性服务平台

通过对现有以及规划中的重大休闲娱乐资源的利用、开发和整合，形成现代娱乐项目、优秀传统文化体验、民族文化艺术创意、特色生态休闲服务、特色观光体验娱乐等体验内容互动发展的推进平台，打造独具特色的都市型设计产业休闲体验之旅，不断增强城市的创造力、影响力和竞争力。

（4）构建设计产业虚拟共性服务平台

借助先进的通信和网络技术，打造无界域的设计产业虚拟集聚区，构建一个集设计产业研发、生产、流通、交易为一体的数字化平台，为设计产业的各类参与方提供宽带网络、数据库、信息服务机构、数字化制作加工等服务。建立包括个体设计师、生产制造、物流配送或会展中心、贸易中心等在内的相应实体型客商，形成网上虚拟设计产业集聚区和地上实体客商、科研院所之间的良性互动。

9.2 促进设计产业与相关产业融合发展

为促进创意设计与相关产业融合发展，需要进一步搭建起设计文化交流、交易的公共服务平台，让设计师和设计机构能够与产业对接，让更多的企业采购设计、交易设计，让消费者来消费设计，政府也鼓励采购设计公共服务。让好设计成为产业发展新动力，要让好的设计成为好的产品、好的生活。从衣食住行用娱生活体系做起，让好的设计融入其中，要让创意设计与不同的产业做深度融合，融合就会产生创新，形成优势，创意设计对于产业转型升级的核心价值才能呈现，成为创新国家建设的重要内容。需要搭建起不同的设计交流、交易、贸易服务平台，因为搭建起这样的平台，创意设计就可以更好地进行生活的转化，反过来我们的生活就有更多的设计需求。未来在消费体系上不再是以物的消费为核心，而真正适度的、理性的消费意识，是健康、阳光的设计消费意识，好设计才能为美好生活提供更多的创造力。

9.2.1　拓展设计产业链

发挥本土资源优势，加快设计产业与传统产业有效地融合，形成新的业态，创造新的消费热点。会展业：利用北京市特色文化资源，展示与设计文化产业相关的展览。如创意设计与文化产业博览会、动漫游影视图书及衍生品博览会、海洋手工艺品类文化会展、非物质文化遗产类文化会展等；非物质文化遗产：建立非物质文化遗产专项基金，建立非遗传承人考核制度，建设非遗文化主题展馆或产业园，促进民俗文化与创意设计的深度融合，挖掘文化元素与符号，进行题材创新、工艺材料创新，加大特色民间工艺品、纪念品设计研发力度；旅游业：征集富有本土特色及文化的旅游产品，在线上整合北京市旅游热点资源，推出APP和程序游戏设计，改变传统旅游的信息服务方式，打造"数字化"旅游创新；农业：依靠创意设计打造质量监控网络平台，实现农业产地、农作物种植、采摘、产品、生产、销售、物流一体化服务，完善电商和销售平台建设。

9.2.2　推动设计产业与科技产业融合

设计与科技融合已成为当前创意产业发展的重要趋势。在文化与科技融合日益广泛和深入的时代背景下，以设计与科技融合促进创意产业发展已成为许多国家或地区推动经济社会发展的重要途径。当前北京正在疏解首都非核心功能，加快落实全国政治中心、文化中心、国际交往中心、科技创新中心"四个中心"城市功能定位，如何促进设计与科技融合、抢占创意产业发展的制高点，已成为北京实施创新驱动战略、构建"高尖精"经济结构、实现创意产业高质量发展的必然选择。

（1）完善设计科技融合体制机制

一是理顺促进设计与科技融合的组织思路。推进设计与科技融合，需要进一步理顺政府、市场和社会之间的关系。遵循顶层设计、统筹领导、协调管理、跨界联动的组织原则，进一步深化设计与科技主管部门之间的协调与互动，积极探索跨部门、跨区域、跨领域、跨行业、跨所有制的设计科技合作新机制，形成有利于设计和科技融合发展的工作机制。

二是建立和完善设计与科技融合领导决策机制。依托推进全国文化中心建设领导小组办公室和北京推进科技创新中心建设办公室，统筹中央和地方设计资源、科技创新资源，在推动全国文化中心建设和科技创新中心建设的同时，注重两个中心之间的协调发展以及设计资源、科技资源的整合利用，加强对设计与科技融合工作的统筹决策。

三是建立跨部门协调工作机制。成立由市委宣传部、市科委、市文化局、市经信息委、市新闻出版广电局、市文资办、中关村管委会等部门参加的文化与科技融合工作联席会议机制，负责统筹协调全市设计与科技融合工作，以及国家级文化和科技融合示范基地建设、国家文化产业创新实验区建设等重大事项，促进文化与科技的深度融合。

四是建立体制内外沟通协调机制。加强设计与科技融合领域的智库建设，通过相关智库建设，吸纳国内外设计界、科技界、产业界、社会界和金微界等高层次专家，对设计科技融合发展战略规划、设计科技体制机制改革、设计科技重大专项设置等提出咨询意见，为相关政府管理部门提供决策参考。同时，受领导小组或相关部门的委托，对设计科技政策、设计科技重大专项论证等开展科学评估、调研论证等。

（2）提升设计科技创新能力

加强文化领域的关键共性技术突破。围绕全国文化中心建设，以文化艺术、新闻出版、广播影视、文物保护等重点文化领域为突破口，抓住影响和制约文化发展的技术瓶颈，支持一批全局性、战略性、基础性课题，集中开展技术攻关，努力在核心技术、关键技术和共性技术研发方面取得新突破。

加强科技成果在文化领域的转化运用。强化现代信息技术、数字技术、广电技术、人工智能技术、虚拟现实技术、3D打印技术、高端装备技术等高新技术在设计领域中的转化与运用，实现技术升级、设备升级与服务升级。促进高新技术与传统工艺有机结合，在传承民族传统工艺特色的基础上推陈出新。

建立健全设计科技创新体系。立足设计领域的产品创新、服务创新，引导设计企业、科技企业、科研院所、研发机构、产业联盟等主体建立设计科技融合的"政产学研金"一体化机制和创新体系，挖掘与对接设计领域的技术需求，加强科技的开发与利用，为北京公共文化服务体系建设、文化创意产业发展提供科技支撑。

聚集设计科技融合跨界人才。落实各类人才政策，积极引进海外文化创意、设计科技研发等高端人才。鼓励创意企业引进高技术人才，特别是国家"万人计划"。北京市"高创计划"所支持的高层次人才。支持带费会带项目的高级人才在重点设计科技产业网落户创办企业。建设设计与科技融合方面跨学科、跨专业、跨领域的项目与平台，为设计科技融合型人才提供锻炼成长的空间和机会。

9.2.3 推动设计产业与传统产业融合

（1）设计与农业融合、发展创意农业的策略

我国大力推行乡村振兴战略，乡村振兴战略的实施能够提高农民收入，缓解农村污染问题，解决农村就业问题。设计类服务产业具有较强的创新性和融合性，可以快速与其他产业相融合，推动了该产业结构的转型升级和新业态形成，为市场创造新的需求。设计服务业与农业相结合，既可以拓展企业的经营范围和内容，为设计产业和设计公司的发展提供新的研究方向，还可以有效地促进农业的创新与发展，增加农业和农产品的附加值，为发展提供新的思路。

①设计类服务企业可将设计业务拓展至农业，将设计与农产品相融合，进行"创意农业"设计。创意农业与传统农业的不同之处是在农业生产和经营过程中运用设计的思维方式，使用科技、文化等创意手段，对现有资源进行重新配置，从而提高农业附加值，形成一种全新的农业生产模式。目前，很多创意农业将视角放在对于农业文化的挖掘与重新解读上。设计类服务企业在设计过程中可以对传统农业相关内容进行梳理，然后将其作为设计创作的元素对农业进行"生产创意、生活创意、功能创意、产业创意、品牌创意和景观创意"等方面的开发，在农业中挖掘出新的增值点。"实现农业增优、农民增收、农村增美的新型农业生产方式和生活方式。"与此同时，设计类服务企业进行"创意农业"设计，应不仅仅局限于农业生产，而是延伸至整个农业生产链中，除了对农业生产进行创新，还应对农业的供应产业、配套产业和周边产业进行创新升级，从而有效地带动新农村建设，改善农村的就业状况。此外，设计类服务企业还可以利用创意农业构建新价值链，将城市生活同农业相结合，创造新的社会需求。比如将农作物模块化种植、出售，方便将其种植在高层建筑的楼顶或阳台，将农业发展到高层建筑中，使农业在满足食用价值的基础上，增加观赏性等附加价值，进一步拓宽农业的发展空间，并且加强城市与农业的关联性。

②设计类服务企业可将设计同乡村旅游业相结合，进行"特色农村"旅游景区设计。设计类服务企业进行"特色农村"设计可从以下几方面入手。首

先，应对乡村旅游业进行系统规划设计，确定景区范围和内容。景区是一个地区旅游业的核心要素，决定了该地区旅游业发展质量。目前，已有部分乡村依靠当地丰富的地理资源、文化资源、物产资源等资源发展农家乐或者乡村旅游业。但目前仍存在较多的问题，比如存在乡村旅游业发展趋同、地方特色不够突出、管理体系不到位等问题。虽然农村旅游可以带给消费者休闲感，其所提供的服务逐渐不能够满足人们日益增加的需求，景区所存在的问题也使大批游客流失。目前我国旅游产业正处于由"规模到集约"、从"粗放到精致"转型的重要阶段，设计与创意是实现产业转变的关键途径。设计类服务企业通过深入挖掘乡村的传统文化、自然资源、地方特色等内容，提取景区的特有元素，通过运用新手段和新技术增加景区与游客的互动，提高旅客的体验度，并根据景区优势制定该地区旅游业发展战略，通过对景区品牌的包装与建设，形成地区独有的竞争力。其次，设计类服务企业可将旅游业同其他产业融合发展。我国景区通常分为文化古迹类、风景名胜类、自然风光类以及红色旅游四种类型。在人们满足衣、食、住、行等基本需求后，开始追求高品质生活和休闲生活，旅游业逐渐成为热门产业。人们越来越重视在旅行中得到心灵的放松和知识的积累，旅行也成为体验精神文化生活的一种方式。设计类服务企业可以由此入手，在发展以乡村旅游业为主体的不同产业形态时，同创意产业相融合，突出设计的统领作用，构建"设计为主导"，改造提升"日常生活"品质，通过产业的升级和品牌的塑造，对原有的农家乐、观光园、采摘园等形式的乡村旅游产业进行升级，使消费者的深度体验与高品质的审美成为产业界新的追求目标。

③涉足旅游产品设计。目前乡村旅游产品普遍存在层次低、模仿和抄袭现象频发、"同质化"现象严重、缺乏地方特色等众多问题。这些问题恰恰为设计类服务企业创造了新的发展机会。将设计运用在旅游产品设计中，通过对景区设计元素提取和对消费者需求的了解，开发大量景区周边产品。既可以有效提高景区质量，又可以获得高额回报。乡村旅游业作为第三产业的重要组成部分，它不仅存在消费性，还具有生产性，在服务行业中具有较强的活力。乡村旅游业的发展同其他产业密切相关，交通、住宿、餐饮、商业都对其产生影响，需要多产业共同协作运行。因此可以有效地提高当地的就业率，增加当地人均收入，为北京乡村振兴作出重要的贡献。

（2）设计与旅游融合、发展创意旅游业的策略

随着经济全球化的迅速发展，人类社会正逐步进入以创意经济、知识经济、网络经济、数字经济等为基础的新经济时代。在经济全球化背景下，产业融合作为一种客观经济现象，在全球范围内呈现出蓬勃发展的态势。随着产业融合现象的日益增多，产业之间固有的边界逐渐被打破，产业由分化逐步走向融合。

2013年，随着《中华人民共和国旅游法》及《国民旅游休闲纲要》的颁布实施，我国旅游行业坚持依法治旅，积极扩大旅游消费，促进了旅游业持续健康稳定发展，2018年全国旅游业贡献了9.94万亿GDP，占GDP总量的11.04%。而来中国旅游的外国游客很大一部分是被中国的文化吸引来的，外国游客比较偏好中国的历史遗迹、美食、秀丽山河等。

文化创意产业是我国重点鼓励和扶持的产业，具有广阔的市场前景。旅游业与文化创意产业均属于现代服务业的范畴，二者在许多方面有交叉和融合。文化创意产业涵盖旅游文化服务的内容，文化创意元素也逐渐渗透并融入旅游全过程，形成了影视旅游、动漫旅游等诸多新型旅游业态。近年来，旅游业与文化创意产业融合的趋势日渐凸显。可以采取多种措施，促进文化、设计创意与旅游产业的融合，大力发展创意旅游业，提升旅游产业的质量与收益。

①运用创意思维开发整合旅游吸引物。中国在发展创意旅游的过程中，面临着文化景观山寨横行、创意体验活动不足等问题，反映出旅游发展的文化创意枯竭，因此，需要借鉴发达国家的做法。一是要重视创意空间和创意景观的建设，创造记录时代、反映城市个性的文化景观。如著名建筑大师贝聿铭设计的苏州博物馆，结合传统园林要素和现代设计，成为游客来苏州的必游景点。尤其对于深圳等历史遗迹贫乏的城市，富有创意的规划设计和文化景观能赋予城市新的繁华面貌。二是增加旅游项目的参与体验功能，针对不同旅游类型，开展农家体验、历史地段异地生活常态体验、民俗工艺体验等活动，增强游客对当地的文化感知，满足猎奇心理。三是注重对各类旅游资源进行优化组合，通过优化组合传统自然、人文旅游资源以及创意旅游资源，注意规模效益和完善交通网络，形成传统旅游资源与创意空间和创意景观、节事活动、体验项目和旅游综合体的有机结合，促进点、线、面的传统—创意旅游吸引物分布格局，发挥创意旅游对文化的保护作用，实现旅游地文化传承和旅游的可持续发展。

②推进创意旅游产品开发。中国旅游产品开发普遍存在缺乏文化内涵、体验

性不强和特色不明显等问题，如手镯、木梳、项坠和玉石等旅游纪念品毫无差异，与发达国家创意旅游产品开发程度相比还有很大差距。因此，中国创意旅游产品的开发，要注意以下问题：一是提高对无形文化资源的重视程度，在创意旅游产品开发中融入传统习俗、民间技能、历史文化和城市品牌等元素，使创意旅游产品具备个性化和地方文化特色，增强创意旅游产品的竞争力。通过开展能充分调动创意人才创意积极性的活动，将城市无形文化资源转化为有形旅游产品，改变我国旅游产品同质化状况。二是重视体验性旅游产品开发，满足人们的精神需求和对旅游产品文化附加值要求，创造创意旅游产品的高附加值，提升创意旅游产品内涵。如苏州将作为世界非物质文化遗产的昆曲融入游客餐饮体验过程，在提升餐饮旅游产品文化价值的同时，此类特色餐馆也成为游客旅游消费的热点。

③加大创意产业与旅游业融合力度。创意产业与旅游业融合，有利于推动中国文化创意产业和旅游业的发展，提高现代服务业的发展质量。在产业融合过程中，一是促进与创意产业和旅游业跨部门联动协调机制，为旅游业与创意产业的融合发展构建平台。二是应促进创意产业向旅游产业延伸，实现两者融合发展，并结合创意园区、创意建筑、大型展会和大型文体活动推出观光旅游和体验旅游等。如作为文化创意产业在旅游领域的传承和延伸，什刹海文化旅游区、横店影视基地、国家动漫游戏产业振兴基地、《印象·刘三姐》实景演出基地等创意旅游项目的出现，不仅提升了传统旅游产品内涵，而且将成为各大城市旅游经济发展的新动力。三是通过推进旅游创意复合型人才的培养，加大对创意教育、旅游教育的投入以及营造兼容并蓄的城市氛围等措施，实现创意产业与旅游业的融合以及创意城市的可持续发展。

④更新旅游营销模式，提升旅游地形象。近年来，旅游信息网、微博和微信成为旅游目的地网络营销的重要手段，但随着各地旅游地网站、微博、微信公众号的设立，营销方式趋同，缺乏新意。我国在推动创意旅游发展时要充分借鉴国外经验，围绕旅游者的需求进行旅游营销的创新。比如《爸爸去哪儿》的热播带火了灵水村、沙坡头、普者黑等目的地旅游。这种组合网络、广播、影视和报刊等不同传播载体的创新营销模式应得到推广。在提升旅游地形象方面，通过建设创意地标性公共建筑，如北京鸟巢、中国尊等，能够树立独特形象。创意旅游目的地形象应不断采用新颖的表达方式和包装手法传达旅游地文化和形象，增强旅游地的生命力和吸引力，实现旅游地可持续发展。

9.3 强化设计产业发展政策支持

9.3.1 发挥政府引导功能

(1) 制定积极产业政策，引领产业正确发展

现阶段北京工业设计产业虽有专门的政府管理部门负责，但是对于产业管理的系统性还是不够，缺乏相应的培育政策。近几年来因为国家的倡导北京也相继出台了几部促进创意设计发展的相关政策，但是没有单独针对工业设计产业的政策，在一定程度上减少了政策的实施效果。因此，针对目前阶段北京的具体情况，有关部门应尽快制定相关细则，在产业立项、资金投入、税收、借贷、融资、奖励等方面对专业设计公司予以支持，增强其抗击风险的能力。

(2) 调整人才培养模式，发挥人才集聚效应

实证研究证明，对于推动地区工业设计产业集聚发挥重要作用的人力资本因素的确在北京工业设计产业集聚过程中扮演了极其重要的角色，但是分析现阶段的教育模式与人才培养现状，高校的师资力量还很薄弱，近年来虽有所改善，但大多还是照搬书本知识，缺乏实际设计经验，因此政府应鼓励企业中有丰富实战经验的设计师担任高校教师，让学生更快、更早地了解企业真正的设计需求。

另外，北京应从源头上注重创意人才的培养，为未来产业的发展提供人才储备，如从学前班开始，学校就设置相应的创意设计课程，真正做到设计从儿时抓起，为设计人才的成长做好铺垫；同时可以发挥地域优势建立人才基地，引进有影响力的国际设计大师、海外设计人才，建立人才交流机制，促进各类智力资源的汇集。

(3) 建设公共服务平台，提高服务能级

工业设计作为近些年才开始得到重视的产业，政府在产业集聚化形态发展的过程中发挥了一定的作用，但是也不能仅是扮演引导者的角色，也应扮演服务者的角色。从现阶段的情形看，北京工业设计产业的服务平台还极其缺乏，因此，结合工业设计的产业链分析，应建立产业专业信息服务、人才服务、法律法规服务、投融资服务、各类专业技术服务、展览展示服务、产权（品）交易服务、品牌建设服务、渠道拓展服务、产业对接服务、国际合作服务等公共服务平台，积极推进与工业设计产业相关联的中介服务机构的发展，为产业的多元化服务提供

支持，从而高效地整合相关专业信息，使服务产业进步。

9.3.2 提高城市创意氛围

（1）调整产业方向重视全面高端设计

在上一章的实证分析中得出了关于注重外观设计是对工业设计集聚发展的一个不利因素的结论，这也证明了北京的工业设计还主要处在一个外观设计的阶段，究其原因可能与北京工业设计的发展背景有着比较大的关联，原创工业设计的设计师大多来自工艺美术专业和美术专业，在设计的立足点上出于本能会过多地将重点集中在外观造型上，而忽视产品其他方面的设计。这也在提醒一个城市，要想真正地提高设计的创意氛围，应将关注的重点有所转移，更多地去关注结构设计、功能设计、工艺设计等价值链高端环节，实现产业的全面、高端发展。

（2）加强知识产权保护，净化设计市场

在社会的文化创意氛围营造上加强知识产权保护对于培育和发展北京工业设计产业具有重要的意义，只有全社会对设计进行尊重与保护，才能阻止各企业之间、地区之间争夺设计外包业务的恶性竞争。此时政府、行业协会、企业需要共同努力制定相应的专利评定办法、知识产权保护法规等具有法律效力的条款，严惩违反行业道德、损害行业利益的行为。

（3）提高全民设计意识，营造创意氛围

总结发达国家发展工业设计的经验，它们普遍重视设计文化的推广，通过多种方式和途径培养民众的设计意识，增加他们对于设计的了解和认同。北京作为国际大都市拥有完备的社会公共基础设施，可以建立设计博物馆、展览馆增加民众对于设计的认识；可以举办各种设计活动，如用设计节、设计展推广设计文化；还可以举办高水平的工业设计比赛，提升消费者对于设计的关注度和对设计价值的认可，真正营造良好的创意氛围。

9.3.3 创造市场需求

（1）鼓励企业设计外包，推动产业长足发展

美国著名的管理学者杜洛克在21世纪初就曾预言："在十年至十五年之内，任何企业中仅做后台支持而不创造营业额的工作都应该外包出去。"工业设计作为一种技术服务，是被所有制造业企业在生产运营过程中所需要的，而外包服务

使企业可以专注于自己的核心业务，这反过来也给了工业设计产业一定的市场空间。北京具有稳定的制造业企业，目前阶段只有少部分大型企业有能力设置自己独立的设计中心，那些没有设计中心的企业为工业设计产业提供了无法预估的市场需求，此时社会应鼓励企业将设计业务外包，让工业设计企业用它们的行业经验为有设计需求的企业服务，达到双方共赢的成果。

（2）重视设计基础研究，发现消费者需求

信息社会的快节奏要求企业能迅速地发现和适应市场的变化，对工业设计企业而言，发现顾客消费模式的能力、解析与预见市场需求的能力以及利用知识转化为产品结构的能力将直接影响到企业的竞争力。然而现在有一种误区：设计企业直接将生产企业的需求转化为自己的设计依据，而忽略了最重要的基础研究，导致很多设计产品上市销售之后成绩并不理想。因此，北京的工业设计产业必须重视消费者的行为和习惯，提高消费者需求研究的意识，建立合适的用户模型。将用户与工业设计相结合，产业才能更具竞争力。

10 结论与讨论

本书融合艺术设计、经济学以及地理学三个学科，探究北京市设计产业空间发展格局演变及其机理。运用数学模型定量分析北京市设计产业发展近20年来的时间上演变的特征，采用大数据分析方法深入挖掘北京市设计产业近20年的空间发展格局演变的规律及影响因素，最后提出发展路径和对策，得到主要结论如下。

①设计产业发展现状及趋势方面，北京市现有设计产业可分为建筑与环境设计企业、视觉传达设计企业、产品设计企业和其他类型设计企业共四类，其设计企业的投资规模与企业数量之间存在负相关关系。此外，北京市设计类产业涵盖建筑业、租赁和商务服务业、科学研究和技术服务业、批发和零售业、文化体育和娱乐业、信息传输以及软件和信息服务业、制造业7个行业，设计产业的资本来源和投资去向包括租赁和商业服务业等近20个细分行业。从企业数量的增长趋势来看，北京市设计产业大致经历了初期缓慢增长、中期稳定增长和后期波动增长的三个发展阶段。

②设计产业空间分布格局方面，北京市设计产业在空间分布上呈现"大集聚—小分散"的空间集聚特征，形成以"一核"为主的重点集聚区和"多区"为辅的一般集聚区两个空间格局。北京市各区设计产业的空间密度存在着较大的差异，其中东城区设计产业空间分布密度最大，延庆区设计产业的空间分布密度最小。整体而言，北京市设计产业的空间格局具备"起步—集聚—辐射—连片"的时序演变特征，其集聚发展的趋势是随着时间推移而逐步演进的。

③设计产业发展驱动因素方面，北京市设计产业的空间集聚效应是受到多种因素相互作用、互相影响而形成的，优越的区位、集中的科技文化和人力资源、庞大的市场和消费需求、不断优化的政策和制度等是促使其持续、健康发展的主要驱动因素。其中，区位因素是设计产业必须要首先考虑的重要经济因素，不同类型的设计企业呈现区域差异性，与其产业链上重要功能单元的空间分布具有一定程度的关联性；科技文化与人才因素是设计产业发展的基础支撑因素，高水平的科学技术以及高素质的人才劳动力能够推动设计产业的发展；市场及消费因素

是影响设计产业集聚发展的外部因素，健全而稳定的市场制度能够为设计产业发展提供良好的外部环境，消费需求则能促进设计产业的进一步集聚；政策和制度因素则是促进设计产业集聚的引导因素，通过出台一系列的政策制度对设计产业的集聚加以引导，并通过制定规章制度保护设计产业的发展环境。

④2008～2018年北京城市化系统和设计产业系统之间正相关关系较为显著，这在一定程度上说明，伴随着城市化水平的提升，设计产业系统的综合水平也在同步提高，两个系统之间存在着良性循环模式。2008～2018年北京市城市化与设计产业耦合系统可分为三个阶段，2008年属于不协调发展阶段，2009～2018年皆处于转型发展时期，其中2018年十分趋近于协调发展阶段。亚类型经历了中度失调—濒临失调—中度协调—高度协调四个发展阶段，子类型则是由设计产业滞后逐渐趋于系统均衡发展，最后变为城市化滞后的状态。北京城市化实现快速发展后，重视城市发展质量以及对设计产业的投资与支持，两个系统实现了良性且有序的循环。但是近年来北京设计产业在不断加快的同时，城市化水平相对落后，各级政府需要注重城市化的发展，完善城市基础设施，实现城市—设计产业综合系统均衡且全方位的发展。

⑤北京市设计产业发展空间趋势预判。现阶段本市推行"退二进三"政策，即第二产业郊区化，第三产业城区化，城六区范围内将大力发展第三产业。与此同时，在北京疏解非首都功能战略背景下，该区域也将成为设计产业发展的重要空间。而设计产业作为城市发展的内生动力，必将推动北京市产业结构升级和城市空间的重构。但目前北京市设计产业发展极不均衡，且区域间没有形成良好的互动效应。在此现状下，加强设计产业顶层设计，树立设计产业整体观，统筹兼顾协调推动设计产业发展成为重中之重。力求实现创新驱动，结构优化，人才为本，融合发展，协同发展，开放合作，绿色低碳的设计产业发展之路。未来设计产业的发展过程中，更要紧跟国家战略规划，完善相关财税政策，优化设计产业投资政策，搭建人才涵养平台，优化市场运营环境，以提升核心竞争力。

⑥北京市设计产业发展对策建议。在对北京市设计产业的发展现状、空间格局、驱动因素以及发展趋势进行分析的基础上，提出推动北京市设计产业发展的几条对策建议，分别包括：发展"大设计"产业，积极培育设计产业品牌、积极培育设计龙头企业等，努力推动设计产业发展壮大；通过拓展设计产业链，推动设计产业与科技产业、传统产业融合发展；充分发挥政府的引导功能，提高城市创意氛围，创造市场需求，为设计产业的发展提供相应的政策支持。

参考文献

［1］王佳. 设计产业与城市发展的耦合关系研究［D］. 济南：山东工艺美术学院，2012.

［2］诸大建，易华. 面向都市经济增长的创意产业发展——以伦敦，纽约为例［J］. 同济大学学报：社会科学版，2007，18（2）：44–48.

［3］理查德·佛罗里达. 创意阶层的崛起：关于一个新阶层和城市的未来［M］. 司徒爱勤，译. 北京：中信出版社，2010.

［4］查尔斯·兰德利. 创意城市：如何打造都市创意生活圈［M］. 杨幼兰，译. 北京：清华大学出版社，2009.

［5］郝凝辉. 德国设计产业发展策略分析［J］. 明日风尚，2016（15）：341，353.

［6］李蕊. 英国创新设计发展经验及启示［J］. 全球化，2017（4）：111–119，135.

［7］陈冬亮，梁昊光，王忠，等. 2014—2015中国设计产业发展报告［M］. 北京：社会科学文献出版社，2015.

［8］曾辉. 设计产业政策与设计批评［J］. 装饰，2002（1）：10–12.

［9］屠曙光. 设计概论：现代艺术设计的观察与剖析［M］. 南京：南京师范大学出版社，2009.

［10］黄培. 工业设计产业现状及发展对策［J］. 现代商业，2016（16）：189–190.

［11］Industrial designers society of America. What is industrial design［EB/OL］. https：//www.idsa.org/what–industrial–design，2022–05–01.

［12］Americans for the arts. The definition of the creative industries［EB/OL］. https：//www.doc88.com/p–9962186853032.html，2022–05–01.

［13］Landry C .The Creative City：A Toolkit for Urban Innovations［M］. London：Earthscan，2000.

［14］Tan Z，Chung S C ，Roberts A C ，et al. Design for climate resilience：influence of environmental conditions on thermal sensation in subtropical high–density cities［J］. Architectural Science Review，2019，62（1）：3–13.

［15］Larco N. Sustainable urban design–a（draft）framework［J］. Journal of Urban

Design，2016，21（1）：1–29.

［16］Brown R D，Vanos J，Kenny N，et al. Designing urban parks that ameliorate the effects of climate change［J］. Landscape and Urban Planning，2015，138：118–131.

［17］Sarkar C，Webster C，Pryor M，et al. Exploring associations between urban green，street design and walking：Results from the Greater London boroughs［J］. Landscape and Urban Planning，2015，143：112–125.

［18］Forsyth，Ann. What is a walkable place? The walkability debate in urban design［J］. Urban Design International，2015，20（4）：274–292.

［19］Pternea M，Kepaptsoglou K，Karlaftis M G. Sustainable urban transit network design［J］. Transportation Research Part A：Policy and Practice，2015，77：276–291.

［20］Yıldız B，Olcaytu E，Sen A. The urban recharging infrastructure design problem with stochastic demands and capacitated charging stations［J］. Transportation Research Part B：Methodological，2019，119：22–44.

［21］Kim J. Subdivision design and landscape structure：Case study of The Woodlands，Texas，US［J］. Urban Forestry & Urban Greening，2019，38：232–241.

［22］Zandvoort M，Kooijmans N，Kirshen P，et al. Designing with pathways：A spatial design approach for adaptive and sustainable landscapes［J］. Sustainability，2019，11（3）：565.

［23］Agramunt J F. Ideas to Design the Space through a Colour Planning. Design Criteria and Examples［J］. BRAC：Barcelona，Research，Art Creation，2019，7（1）：69–96.

［24］De Abreu–Harbich L V，Labaki L C，Matzarakis A. Effect of tree planting design and tree species on human thermal comfort in the tropics［J］. Landscape and Urban Planning，2015，138：99–109.

［25］Hodges N J，Link A N. Innovation by design［J］. Small Business Economics，2019，52（2）：395–403.

［26］Bertola P，Vacca F，Colombi C，et al. The cultural dimension of design driven innovation. A perspective from the fashion industry［J］. The Design Journal，2016，19（2）：237–251.

［27］Moorhouse D，Moorhouse D. Sustainable design：circular economy in fashion and textiles［J］. The Design Journal，2017，20（supl）：S1948–S1959.

［28］Smith P，Baille J，McHattie L S. Sustainable Design Futures：An open design vision for the circular economy in fashion and textiles［J］. The Design Journal，2017，20（supl）：S1938–S1947.

［29］Altay C，Öz G. Dialogic weaving：a favorable tension between design and craft［J］. Digital Creativity，2019，30（1）：39–55.

［30］Hekkert P，Snelders D，Van Wieringen P C W. "Most advanced，yet accepTab. le"：Typicality and novelty as joint predictors of aesthetic preference in industrial design［J］. British journal of Psychology，2003，94（1）：111–124.

［31］Gemser G，Leenders M A A M. How integrating industrial design in the product development process impacts on company performance［J］. Journal of Product Innovation Management：an International Publication of the Product Development & Management Association，2001，18（1）：28–38.

［32］Hertenstein J H，Platt M B，Veryzer R W. The impact of industrial design effectiveness on corporate financial performance［J］. Journal of Product Innovation Management，2005，22（1）：3–21.

［33］Veiga A，Weyl E G. Product design in selection markets［J］. The Quarterly Journal of Economics，2016，131（2）：1007–1056.

［34］Accorsi R，Manzini R，Pini C，et al. On the design of closed–loop networks for product life cycle management：Economic，environmental and geography considerations［J］. Journal of Transport Geography，2015，48：121–134.

［35］Akter S，Krupnik T J，Rossi F，et al. The influence of gender and product design on farmers'preferences for weather–indexed crop insurance［J］. Global Environmental Change，2016，38：217–229.

［36］Fuentes F. On the condition of urban and architectural design：from postmodernism to the 21st century［J］. Estoa. Revista de la Facultad de Arquitectura y Urbanismo de la Universidad de Cuenca，2019，8（15）：50–69.

［37］Danilova E A，Pudlowski Z J. The visual world of engineers：exploring the visual culture of engineering as an essential element of communication from design to production［J］. The International journal of engineering education，2009，25

（6）：1212–1217.

［38］Wiana W. Interactive multimedia–based animation：A study of effectiveness on fashion design technology learning［C］. Journal of Physics：Conference Series. IOP Publishing，2018，953（1）：012024.

［39］Dedeke A N. Travel web–site design：Information task–fit，service quality and purchase intention［J］. Tourism management，2016，54：541–554.

［40］Ghuman P S，Mehta U S. Institutional Design of Select Competition Authorities in South Asia：Identifying Challenges and Opportunities［J］. Review of Industrial Organization，2019，54（2）：283–326.

［41］Ghazinoory S，Amiri M，Ghazinoori S，et al. Designing innovation policy mix：a multi–objective decision–making approach［J］. Economics of Innovation and New Technology，2019，28（4）：365–385.

［42］Paul A，Palmer K，Woerman M. Modeling a clean energy standard for electricity：Policy design implications for emissions，supply，prices，and regions［J］. Energy Economics，2013，36：108–124.

［43］Reimer S，Pinch S，Sunley P. Design spaces：agglomeration and creativity in British design agencies［J］. Geografiska Annaler：Series B，Human Geography，2008，90（2）：151–172.

［44］Kajanus M，Leban V，Glavonjić P，et al. What can we learn from business models in the European forest sector：Exploring the key elements of new business model designs［J］. Forest Policy and Economics，2019，99：145–156.

［45］Buchanan R. Surroundings and environments in fourth order design［J］. Design Issues，2019，35（1）：4–22.

［46］Okhovat H，Dolagh M N，Nasrolahi M R. The study of the principles and methods of architectural design in the protected context of Meymand Historic Village［J］. Museology & Cultural Heritage/Muzeologia a Kulturne Dedicstvo，2019，7（1）：123–142.

［47］Girard C，Pulido–Velazquez M，Rinaudo J D，et al. Integrating top–down and bottom–up approaches to design global change adaptation at the river basin scale［J］. Global Environmental Change，2015，34：132–146.

［48］Villanueva A J，Gómez–Limón J A，Arriaza M，et al. The design of agri–

environmental schemes: Farmers' preferences in southern Spain [J]. Land use policy, 2015, 46: 142-154.

[49] Bilton C, Cummings S. Creative strategy: reconnecting business and innovation [M]. John Wiley & Sons, 2010.

[50] Heilbrun J, Gray C M. The economics of art and culture [M]. Cambridge University Press, 2001.

[51] Villanueva A J, Gómez-Limón J A, Arriaza M, et al. The design of agri-environmental schemes: Farmers' preferences in southern Spain [J]. Land use policy, 2015, 46: 142-154.

[52] 农丽媚. 设计政策与国家竞争力研究 [D]. 北京: 清华大学, 2013.

[53] 宋泓明. 文化创意产业集群发展研究——以北京市朝阳区为例的分析 [J]. 上海经济研究, 2007 (12): 118-122.

[54] 刘友金, 胡黎明, 赵瑞霞. 创意产业理论的兴起与发展——纪念创意产业概念兴起十周年 (1998~2008) [J]. 经济学动态, 2008 (12): 95-99.

[55] 刘力, 严涛. 如何通过设计为商业地产增值 [J]. 北京房地产, 2004 (7): 83-87.

[56] 李东鹏. 购物中心商业业态规划与建筑设计 [D]. 天津: 天津大学, 2008.

[57] 陈莉. 商业景观设计研究 [D]. 武汉: 武汉理工大学, 2006.

[58] 李蕾. 交通枢纽型商业地产的开发与设计 [J]. 城市问题, 2009 (12): 38-42.

[59] 孙明贵, 乐珊. 产品外观设计文献综述 [J]. 现代营销 (信息版), 2019 (1): 48.

[60] 陈亚坤. 产品设计中融合民族文化元素的方式与价值 [J]. 智库时代, 2018 (50): 139-140.

[61] 吴祖慈. 论工业设计 [J]. 艺苑 (美术版), 1999 (1): 46-51.

[62] 郭雯, 张宏云. 国际工业设计服务业发展及启示 [J]. 科技促进发展, 2010 (7): 14-18.

[63] 吕月珍. 国外工业设计产业化发展之特色 [J]. 杭州科技, 2013 (6): 60-62.

[64] 张毅, 牛冲槐, 冀巨海. 韩国工业设计产业发展阶段研究及其政策启示 [J]. 生态经济, 2014, 30 (5): 190-195.

［65］朱焘.大力发展我国工业设计［J］.科技导报，2007（13）：81.

［66］王成玥.分析我国工业设计的创新现状、存在问题与对策［J］.宏观经济管理，2017（S1）：339.

［67］严敏慧，唐志波，张立军.我国工业设计产业发展问题及对策研究［J］.管理观察，2014（6）：14–15.

［68］徐铭键，徐耀坤.浅析我国工业设计发展中存在的问题及其对策［J］.今日科技，2018（8）：55–56.

［69］谷俊涛.我国工业设计发展存在的问题及对策研究［J］.工业设计，2012（6）：69.

［70］王志华，陈圻.江苏省工业设计与制造业关系的实证研究［J］.江苏技术师范学院学报，2012，18（4）：44–50.

［71］黄翔星，李伟.浅谈工业设计现状及厦门市的发展思路［J］.厦门科技，2011（3）：12–17.

［72］易露霞，黄蓉.深圳工业设计产业发展的SWOT分析及策略研究［J］.生产力研究，2012（6）：169–171.

［73］唐啸.湖南省工业设计现状及发展战略研究［D］.长沙：湖南大学，2008.

［74］沈法，雷达，麦秀好.浙江省工业设计产业发展的问题与对策研究［J］.西北大学学报（自然科学版），2012，42（3）：509–514.

［75］吴相盈.集成电路技术的发展趋势研究［J］.数字技术与应用，2018，36（11）：59–60.

［76］魏少军.集成电路设计方法学的几个热点［J］.电子科技导报，1998（1）：20–24.

［77］郭禾.中国集成电路布图设计权保护评述［J］.知识产权，2005（1）：9–13.

［78］秦寄岗.生态服装设计——21世纪世界服装发展的主要潮流［J］.装饰，2005（12）：100–101.

［79］范聚红.装饰工艺在服装设计中的运用［J］.郑州轻工业学院学报（社会科学版），2005（6）：34–37.

［80］殷文.解构主义在服装设计中的应用［D］.青岛：青岛大学，2007.

［81］黄腾.高街时尚元素在服装设计中的应用与研究［J］.大众文艺，2019（1）：102.

［82］李千惠．高街时尚元素在服装设计中的应用与研究［J］．设计，2018
（19）：110–112.

［83］沈杰．论时尚元素在陶瓷设计中的运用［J］．中国陶瓷，2018，54（11）：
84–87.

［84］肖宇强，戴端．饮料包装中的时尚维度与时尚设计［J］．食品与机械，2018，
34（10）：109–112，117.

［85］陈宝光．中国家具产业与设计发展分析［J］．家具与室内装饰，2018（6）：
9–10.

［86］张协和．工业美术设计浅说［J］．机械设计，1984（1）：8–13.

［87］龚建培．工业美术设计与"现代设计法"［J］．南京艺术学院学报（美术与
设计版），1989（2）：87–90.

［88］傅学怡．带转换层高层建筑结构设计建议［J］．建筑结构学报，1999（2）：
28–42.

［89］于海浒．基于位移的建筑结构抗震设计［J］．山东工业技术，2016（18）：91.

［90］蒋文欢．建筑信息模型的发展及其在设计中的应用［J］．绿色环保建材，2016
（2）：88，90.

［91］张建新．建筑信息模型在我国工程设计行业中应用障碍研究［J］．工程管理
学报，2010，24（4）：387–392.

［92］杨柳．建筑气候分析与设计策略研究［D］．西安：西安建筑科技大学，2003.

［93］郭永伟．论建筑节能与墙体保温［J］．四川水泥，2015（12）：81.

［94］陈础．绿色节能理念建筑结构设计探讨［J］．低碳世界，2019，9（1）：
168–169.

［95］何涛．基于BIM的桥梁工程设计与施工优化研究［J］．建材与装饰，2016
（37）：240–241.

［96］郑颖人，赵尚毅．边（滑）坡工程设计中安全系数的讨论［J］．岩石力学与
工程学报，2006（9）：1937–1940.

［97］白云峰．顺层岩质边坡稳定性及工程设计研究［D］．成都：西南交通大学，
2005.

［98］高大钊．岩土工程设计安全度指标及其应用［J］．工程勘察，1996（1）：
1–6.

［99］孙钧．海底隧道工程设计施工若干关键技术的商榷［J］．岩石力学与工程学

报，2006（8）：1513–1521.

［100］舒印彪，刘泽洪，高理迎，等. ±800kV 6400MW特高压直流输电工程设计［J］. 电网技术，2006，30（1）：8.

［101］李攀. 转型时期的城市规划与城市规划的转型［J］. 江西建材，2017（24）：31，37.

［102］陈友华，吴凯. 社区养老服务的规划与设计——以南京市为例［J］. 人口学刊，2008（1）：42–48.

［103］高自友，张好智，孙会君. 城市交通网络设计问题中双层规划模型、方法及应用［J］. 交通运输系统工程与信息，2004（1）：35–44.

［104］陈峻. 城市停车设施规划方法研究［D］. 南京：东南大学，2000.

［105］谢花林，刘黎明，李蕾. 乡村景观规划设计的相关问题探讨［J］. 中国园林，2003，19（3）：39–41.

［106］王仰麟，韩荡. 农业景观的生态规划与设计［J］. 应用生态学报，2000，11（2）：265–269.

［107］刘家明. 生态旅游及其规划的研究进展［J］. 应用生态学报，1998，9（3）：104–108.

［108］王仰麟，韩荡. 矿区废弃地复垦的景观生态规划与设计［J］. 生态学报，1998，18（5）：9–16.

［109］俞孔坚，李迪华，段铁武. 生物多样性保护的景观规划途径［J］. 生物多样性，1998，6（3）：45–52.

［110］张大为. 我国设计产业发展模式研究［D］. 上海：东华大学，2012.

［111］王君. 网页设计在平面设计中的运用［J］. 包装工程，2012，33（16）：140–142，146.

［112］黄海燕，张辉. 网页设计与平面设计［J］. 包装工程，2004，25（1）：126–127.

［113］戚跃青. 平面设计中文字的图形特征［J］. 装饰，2001（6）：17–18.

［114］何方. 符号语言在平面设计中的意义［J］. 包装工程，2004，25（3）：117–118.

［115］海军. 平面设计的符号学研究［D］. 北京：清华大学，2004.

［116］刘西省. 字体设计在平面设计中的重要性［J］. 包装工程，2007（10）：233–235.

［117］赵炬宇，赵强．中国传统文化元素与现代平面设计［J］．艺术探索，
2006，20（4）：84-85．

［118］柴虹．平面设计的民族化表现［J］．教育现代化，2016，3（22）：256-
257，264．

［119］李娜．传统民族元素在动漫设计中的应用探索［J］．美术教育研究，2011
（5）：62．

［120］林朝平．传统文化与动漫设计［J］．大众文艺，2010（14）：130-131．

［121］刘胜艳．浅谈中国元素在动漫设计中的应用［J］．湖北经济学院学报（人文
社会科学版），2009，6（10）：137-138，162．

［122］张翠红．动漫设计与制作专业实训实践之研究［J］．职业教育研究，
2009，11（7）：143-145．

［123］王博．动漫设计与制作中数字媒体艺术的应用［J］．计算机产品与流通，
2019（7）：151．

［124］陈睿，孙友全．高职教育的动漫设计与制作专业存在的问题及对策［J］．职
业技术，2010（11）：12-13．

［125］谢斌．唐山市动漫设计产业发展战略研究［D］．苏州：苏州大学，2008．

［126］张黎红．促进动漫产业发展之我见——以山东动漫产业为例［J］．文教资
料，2015（2）：70-71．

［127］章晴方．现代展示设计的发展趋势［J］．新美术，2010，31（1）：99-
101．

［128］杨小亮．虚拟现实技术在新媒体展示设计中的应用研究［J］．艺术教育，
2015（8）：54-57．

［129］张佳信．虚拟展示设计的交互性研究［D］．武汉：武汉理工大学，2008．

［130］徐茜，邵晓峰．商业展示空间的趣味性营造［J］．美术教育研究，2018
（24）：60-61．

［131］战玮．低碳设计理念下的会展展示设计研究［D］．济南：山东工艺美术
学院，2012．

［132］赵凌．非物质文化遗产博物馆展示设计教学研究［J］．大众文艺，2018
（23）：190-191．

［133］李伟．基于增强现实技术的工业展示设计的实践研究［J］．美与时代
（上），2018（11）：79-81．

［134］李淼．大连市设计文化产业的发展现状、问题与对策［J］．大众文艺，2018（3）：249-250.

［135］朱金华．微建筑：微文化背景下设计产业新趋势［J］．设计艺术研究，2018，8（4）：81-85.

［136］陈文晖，王婧倩，熊兴．北京设计产业政策发展及产业政策建议［J］．设计，2018（18）：100-102.

［137］李超，许有志．支持北京市高精尖产业设计中心和特色基地建设的政策措施建议［J］．智库时代，2018（34）：226，288.

［138］黄河，刘宁，张凌浩．设计驱动创新视角下设计政策研究及对我国产业转型升级的启示——以日本为例［J］．南京艺术学院学报（美术与设计），2018（3）：87-91，210.

［139］华沙．上海设计产业政策法规现状及对策研究［J］．设计，2017（23）：96-97.

［140］秦彪．上海工业设计产业集群模式研究［J］．上海经济，2017（4）：48-57.

［141］王丹．设计产业政策评估指标体系构建与案例研究［J］．艺术科技，2016，29（1）：334.

［142］潘鲁生，殷波．2014年度中国设计政策研究报告［J］．南京艺术学院学报（美术与设计），2015（3）：45-48，202.

［143］夏连峰．我国设计产业发展现状及产业政策研究［J］．企业改革与管理，2014（16）：144-145.

［144］李晓华．产业组织结构演变趋势与产业转型升级［J］．开发研究，2017（6）：35-40.

［145］陈伟光．银行产业组织理论研究与中国银行业结构设计［D］．武汉：华中科技大学，2006.

［146］刘伟，李绍荣．产业结构与经济增长［J］．中国工业经济，2002（5）：14-21.

［147］柳冠中．中国工业设计产业结构机制思考［J］．设计，2013（10）：158-163.

［148］何金廖，曾刚．城市舒适性驱动下的创意产业集聚动力机制——以南京品牌设计产业为例［J］．经济地理，2019，39（3）：134-142，161.

［149］王晓芳，刘伟，索也兵．产业集聚视角下我国工业园区顶层设计研究——以石材行业为例［J］．建材发展导向，2018，16（4）：16-18.

［150］周宇，俞秉懿，叶昕欣．杭州大江东产业集聚区河庄桥头堡地区城市设计［J］．城市建筑，2017（30）：110-115.

［151］欧静竹．米兰时尚产业空间集聚演化及规划启示［C］．持续发展　理性规划——2017中国城市规划年会论文集（02城市更新），2017：1136-1153.

［152］朱蓉．创意设计集聚区建设路径研究——以台州市为例［J］．社科纵横，2016，31（4）：43-47.

［153］文嫱，胡兵．中国省域文化创意产业发展影响因素的空间计量研究［J］．经济地理，2014，34（2）：101-107.

［154］肖雁飞，王绱韵，万子捷．中国文化创意产业发展影响因素与实证研究［J］．科技管理研究，2014，34（11）：102-105.

［155］冯琪．城市创意产业发展影响因素研究［D］．西安：西北大学，2010.

［156］袁海．中国省域文化产业集聚影响因素实证分析［J］．经济经纬，2010（3）：65-67.

［157］黄鹤．文化及创意产业的空间特征研究［J］．城市发展研究，2008（S1）：150-154.

［158］孙玉华，陈金华．北京市文化创意产业集聚区空间特征探析［J］．福建农林大学学报（哲学社会科学版），2014，17（2）：77-82.

［159］褚劲风．上海创意产业集聚空间组织研究［D］．上海：华东师范大学，2008.

［160］叶航．纺织服装专业市场、产业集聚和区域经济发展关系研究［D］．上海：上海工程技术大学，2015.

［161］王晓红．制约我国工业设计发展的因素及政策建议［J］．中国经贸，2010（6）：76-79.

［162］明月．中国文化与现代设计之道［D］．重庆：重庆大学，2010.

［163］顾文波．工业设计中的系统设计思想与方法［J］．艺术与设计（理论），2011，2（12）：116-118.

［164］沈法，雷达，麦秀好．浙江省工业设计产业发展的问题与对策研究［J］．西北大学学报（自然科学版），2012，42（3）：509-514.

［165］林鸿，江牧．工业设计中的设计管理探析［J］．包装工程，2011，32

（24）：87–90.

［166］邱蔚琳. 工业设计中的设计与再设计［J］. 广东石油化工学院学报，2011，21（5）：79–81，86.

［167］杨柳. 工业设计产业化与创意产业［J］. 轻纺工业与技术，2019，48（9）：46–47.

［168］向勇，刘静. 中国文化创意产业园区实践与观察［M］. 北京：红旗出版社，2012.

［169］徐晓冬. 国家设计系统建构视角下的设计政策比较研究［D］. 济南：山东工艺美术学院，2020.

［170］张国会. 设计产业统计调查方法探讨［J］. 统计与决策，2018，34（2）：83–85.

［171］杨畅. 中国设计产业发展战略研究［M］. 南京：东南大学出版社，2015.

［172］张立. 中国转型期设计创意产业与经济发展的互动研究［M］. 合肥：中国科学技术大学出版社，2017.

［173］崔述强. 北京市文化创意产业分类标准研究［J］. 统计科学与实践，2009（2）：38–39.

［174］金元浦. 论当代文化艺术保护［J］. 文艺研究，1998（4）：30–37.

［175］厉无畏，王如忠，缪勇. 培育与发展上海的创意产业［J］. 上海经济，2004（S1）：67–72.

［176］王亚娟. 非物质文化遗产与创意产业的典型对接——建设非物质文化遗产创意产业园［J］. 理论与改革，2013（5）：143–145.

［177］黄雪飞. 基于生态系统的工业设计产业竞争力模型研究［J］. 包装工程，2019，40（16）：194–200.

［178］理查德·佛罗里达. 创意经济［M］. 北京：中国人民大学出版社，2006.

［179］王发明. 创意产业集群化导论［M］. 北京：经济管理出版社，2011.

［180］海军. 中国设计产业竞争力研究［J］. 设计艺术（山东工艺美术学院学报），2007（2）：14–17.

［181］梁昊光. 设计服务业新兴市场与产业生升级［M］. 北京：社会科学文献出版社，2013.

［182］邢志宏. 文化创意及相关产业分类［S］. 北京：北京市质量技术监督局，2015.

［183］赵玉林. 产业经济原理及案例分析［M］. 北京：中国人民大学出版社，

2018.

［184］李学伟，吴金培，李雪岩. 实用元胞自动机导论［M］. 北京：北京交通大学出版社，2013.

［185］曹雪. 基于CA的深圳市城市土地利用变化模拟及预警研究［D］. 南京：南京大学，2010.

［186］吴仕海. 重庆市土地利用碳排放效应及低碳优化调控研究［D］. 重庆：西南大学，2013.

［187］黎夏. 地理模拟系统——元胞自动机与多智能体［M］. 北京：科学出版社，2007.

［188］陈思宇，张昕彤，吴迪，等. 北京市批发企业区位分布演化与驱动力分析［J］. 经济地理，2016，36（9）：111-117，140.

［189］闫丽英，李伟，杨成凤，等. 北京市住宿业空间结构时空演化及影响因素［J］. 地理科学进展，2014，33（3）：432-440.

［190］Wolfe R，Gould W. An approximate likelihood-ratio test for ordinal response models［J］. Stata Technical Bulletin，1998，7（42）：24-27.

［191］熊鹰，李晓，钟钰. 基于减量化目标的农户施药行为研究——来自7省种粮农户的微观数据［J］. 中国生态农业学报，2021，29（7）：1262-1273.

［192］Williams R. Generalized ordered logit/partial proportional odds models for ordinal dependent variables［J］. The Stata Journal，2006，6（1）：58-82.

［193］楚波，梁进社. 基于OPM模型的北京制造业区位因子的影响分析［J］. 地理研究，2007，26（4）：723-734.

［194］邱灵. 北京市生产性服务业空间结构演化机理研究［J］. 中国软科学，2013（5）：74-91.

［195］韩会然，杨成凤，宋金平. 北京批发企业空间格局演化与区位选择因素［J］. 地理学报，2018，73（2）：219-231.

［196］宋飓，王婷婷，张瑜，等. 东北三省企业空间格局演化与区位选择因素［J］. 地理科学，2021，41（7）：1199-1209.

［197］朱华晟，吴骏毅，魏佳丽，等. 发达地区创意产业网络的驱动机理与创新影响——以上海创意设计业为例［J］. 地理学报，2010，65（10）：1241-1252.

［198］蒋海兵，张文忠，余建辉. 杭州生产性服务业的时空格局演变［J］. 经济地

理，2015，35（9）：103-111.

［199］朱华晟，赵雪平，吴骏毅，等. 大学与城市创意产业空间—网络构建——以北京市规划设计业为例［J］. 经济地理，2013，33（3）：84-92.

［200］闫丽英，李伟，杨成凤，等. 北京市住宿业空间结构时空演化及影响因素［J］. 地理科学进展，2014，33（3）：432-440.

［201］刘颖，郭琪，贺灿飞. 城市区位条件与企业区位动态研究［J］. 地理研究，2016，35（7）：1301-1313.

［202］王茂林. 公租房社区老年人居家养老意愿及其影响因素研究［D］. 武汉：湖北工业大学，2020.

［203］严未. 工业设计产业发展指数构建研究［D］. 杭州：浙江工业大学，2020.

［204］张媛，周焕焕. 京津冀设计产业区域竞争力评价体系研究［J］. 设计，2020，33（3）：81-83.

［205］邹樵，肖世姝. 基于AHP的文化创意产业竞争力评价指标体系设计［J］. 统计与决策，2017（24）：58-60.

［206］李盼. 淮安市产业转移与产业集群耦合的指标体系设计［J］. 现代经济信息，2016（22）：482.

［207］朱虹. 文化创意发展指数及我国文化创意产业现状研究［D］. 北京：北京邮电大学，2013.

［208］姜照君，吴志斌. 文化创意产业集聚与城市化耦合的实证研究——基于系统耦合互动的视角［J］. 现代传播（中国传媒大学学报），2016，38（2）：129-133.

［209］刘耀彬，李仁东，宋学锋. 中国城市化与生态环境耦合度分析［J］. 自然资源学报，2005（1）：105-112.

［210］张勇，蒲勇健，陈立泰. 城镇化与服务业集聚——基于系统耦合互动的观点［J］. 中国工业经济，2013（6）：57-69.

［211］李静芝，代宇涵，赵雯，等. 城市化系统与生态系统交互耦合时空特征及协调发展预警研究——以湖南省为例［J］. 长江流域资源与环境，2019，28（7）：1590-1601.

［212］孟丹，刘玲童，宫辉力，等. 京杭大运河沿线地区城市化与生态环境耦合协调关系研究［J］. 自然资源遥感，2021，33（4）：162-172.

［213］王娟，周骏. 文化创意产业的空间布局研究——以杭州市为例［J］. 生产

力研究，2012（6）：177–178，224.

［214］北京市人民政府. 北京市主体功能区规划［R］. 北京，2012.

［215］Cui Me，Levinson D. Measuring full cost accessibility by auto［J］. Journal of Transport and Land Use，2019，12（1）：649–672.

［216］马晓蕾，马延吉. 基于GIS的中国地级及以上城市交通可达性与经济发展水平关系分析［J］. 干旱区资源与环境，2016，30（4）：8–13.

［217］程锐，马莉莉，陈璇. 人力资本结构演进与中国经济增长——来自省际层面的经验证据［J］. 商业研究，2019（1）：60–70.

［218］赵璐，赵作权. 基于特征椭圆的中国经济空间分异研究［J］. 地理科学，2014，34（8）：979–986.

［219］Sobel L，Groeger L. Management Summary–Design Thinking：Exploring Opportunities for the Design Industry and Business in Australia［J］. Social Science Electronic Publishing，2013，2233083.

［220］郭梅. 民国时期全国美术展览会的生成与发展研究［D］. 南京：南京师范大学，2006.

［221］李熙彤. 北京文化创意产业的发展现状及趋势分析［J］. 投资与合作，2012（10）：102.

［222］文慧生. 设计产业活力无限，设计之都蓝图绘制——《北京"设计之都"建设发展规划纲要》发布［J］. 科技智囊，2013（12）：71–78.

致　谢

岁月如歌，如箭如梭，四年博士后研究生涯即将结束。回首走过的岁月，心中倍感充实，谨向四年来在我求学和出站报告写作过程中关心、帮助过我的所有师长、同学和朋友们致以深深的谢意。

感谢恩师，我的出站报告是在中央美术学院许平教授的指导下完成的。从第一次给导师写信，到后来的每一次沟通，都让我成长进步，正是因为导师渊博的学识和精益求精的态度，让我的博士后报告从选题开始就有了精准的方向，虽然在写作的过程中遇到了很多困难，但是导师是我强大的后援，正是他的鼓励让我有了更大的勇气和毅力。论文的选题、开题、文章结构的构筑，到最后的定稿，都得到了许平教授的悉心指导与提携。在博士后研究期间，我同导师为工业和信息化部开展2020年和2021年《中国设计产业白皮书》的撰写，参与导师的2020年国家社科基金艺术学重大项目《"一带一路"背景下的国家设计政策研究》等课题研究，同导师共同参加了国内的多次学术会议、交流座谈和定期的师门汇报会，正是这些机会让我不断成长，并在学术研究和思考方式上有了更多的进步。许平教授严谨的治学态度、精益求精的工作作风以及谦恭的处事态度都深深地影响着我，是我一生学习的楷模。在此向我最敬重的许平教授致以最诚挚的谢意！同时也向在我学习期间给予学业上指导和帮助的范迪安教授、宋协伟教授、林存真教授、周博副教授等师长致以最衷心的感谢！

感谢北京市统计局、北京市市场监督管理局等单位的领导们给予的帮助，感谢大连工业大学各位同事在我博士后期间给予的理解和支持！

感谢我的家人对我学习和工作的大力支持，感谢他们对我生活无微不至的关怀和照顾！

感谢对我的博士后报告做出宝贵评阅意见和出席博士后论文答辩委员会的各位专家、教授在百忙之中给予的悉心指导！

写致谢的时候，恰逢在内蒙古呼伦贝尔的老家，曾经的少年走出内蒙古考到长春读大学，然后一路成长，回望求学的路，走来不易，求学的历程中遇到的每一位导师都弥足珍贵，不禁感慨，幸运的是我遇到了许平教授，因为导师在方向和思路上指引着自己前行，传道授业解惑，使我在今天更加清晰前进的方向。我相信努力可以被看见，付出可以被认可，我也将继续努力，学习导师的精神，做导师的骄傲，做师者的传承，为设计学科的建设和发展作出自己的贡献。

最后，向所有给予我关心、支持和帮助的各位老师、同学、朋友们表示由衷的感谢！

中央美术学院

高家骥

2022年7月